公寓狗狗_的完美生活

牛雯 主编

U0350366

公寓爱犬超实用教养手册大公开
与它成为快乐的同居"密友"吧!

海峡出版发行集团
THE STRAITS PUBLISHING & DISTRIBUTING GROUP
福建科学技术出版社
FUJIAN SCIENCE & TECHNOLOGY PUBLISHING HOUSE

图书在版编目（CIP）数据

公寓狗狗的完美生活 / 牛雯主编. —福州：
福建科学技术出版社, 2013.7
ISBN 978-7-5335-4289-4

Ⅰ.①公… Ⅱ.①牛… Ⅲ.①犬－驯养 Ⅳ.
①S829.2

中国版本图书馆CIP数据核字(2013)第096724号

书　　名	公寓狗狗的完美生活
主　　编	牛雯
参　　编	刘奇芳　黄熙婷　陈登梅　魏孟囡　李利霞　张佳妮　胡　芬
	李先明　刘秀荣　吕　进　马绛红　彭　妍　宋明静　张宜会
	周　勇　李凤莲　林　彬　杨林静　段志贤
出版发行	海峡出版发行集团
	福建科学技术出版社
社　　址	福州市东水路76号（邮编350001）
网　　址	www.fjstp.com
经　　销	福建新华发行（集团）有限责任公司
印　　刷	福建彩色印刷有限公司
开　　本	700毫米×1000毫米　1/16
印　　张	12
图　　文	192码
版　　次	2013年7月第1版
印　　次	2013年7月第1次印刷
书　　号	ISBN 978-7-5335-4289-4
定　　价	28.00元

书中如有印装质量问题，可直接向本社调换

第一章　选一只爱狗回家

第二章　公寓狗狗的居家小日子

第三章　提升幸福指数，狗狗公寓生活进阶

第四章　个性美容，狗狗也有酷派头

第五章　萌感靓装，最潮狗衣大搜罗

第六章　细节就是美，小饰品也拉风

本书部分图片由狗民网、羊子的妈妈、张国英、陈晓雪、刘奇芳、黄兰凤、康康姐姐、太阳暖暖心、老严、吴诗莹等友情提供，特此感谢。

选一只爱狗回家

公寓与狗，大可兼得

1.

公寓养狗不矛盾，因地制宜快乐多

五、早出晚归，如果家中无人陪伴，狗狗的饮食和运动得不到足够的关注，健康也就无法保证。

那么，公寓与养狗是否真的不可兼得呢？实际上，只要正视了以上这些问题，因地制宜地开展养狗计划，公寓养狗也没有你想的那么困难。首先要根据现有的公寓条件，选择最适合在公寓居住的狗狗种类，一般中小型狗狗只要训练得当，是能适应公寓生存环境的；其次要尽量为狗狗创造宜居环境，比如温暖的狗窝，并让它们在公寓里养成正确的生活习惯。事实上，公寓作为一种设施完备的居住楼房，也能给狗狗的生活带来一定的便利，其关键便在于你如何正确对待公寓养狗的劣势，选择适合的方法，与狗狗共同面对公寓生活中遇到的各种问题。

公寓，是典型的集合式住宅，也是现代化都市里非常普遍的楼房建筑。它往往有着完备的设施，是当今众多年轻人定居的首选。可如果你同时也是个爱狗人士，在公寓里养狗往往会遭遇各种困难。

比如公寓楼层较高、户型较小，大多没有庭院，阳台面积也不大，狗狗的活动空间有限；公寓大楼的设施如电梯，常常成为狗狗发生危险的地带；居住公寓的年轻人往往是上班族，每天朝九晚

什么样的狗狗才适合在公寓里生活？这是许多爱狗人士住进公寓楼房时心中的最大困惑，他们甚至四处打听，想要知道究竟应该选择哪类狗狗。别急，狗狗的品种并不是首要问题，对于公寓居住者来说，狗狗的体型才是你需要考虑的第一要素。

2. 小型和中型，公寓狗狗最佳选择

公寓养狗，首选的就是小型和中型狗狗，这是由公寓住宅的面积与户型决定的。国内的公寓楼一般是单元楼形式，每层分隔成数家，各家都是格局大致相同的成套房间。这类住宅的面积一般不超过150平方米，它的主体由客厅、卧室、厨房和卫生间组成，阳台的面积往往较小，有些小户型甚至没有阳台。

如此狭窄的空间，如果饲养的是大型狗狗，它所需的运动量较大，必定会带来许多困扰。狗狗是好奇心重、喜爱玩耍的动物，如果长时间困在小小的空间里，连跑一跑、跳一跳都会受到诸多限制，长期如此，狗狗的精力得不到发泄，就可能出现心理疾病；而没有进行足够的运动，还会有体重超标和生病的危险。所以住在公寓的你，最好还是选一只中小型狗狗回家。

当然，如果你确实想要养一只大型狗，那么必须满足一定的条件。比如，你的住宅必须带有面积不小的阳台，可供狗狗自由活动；公寓楼所在小区应该有宽阔的绿地；闲暇时间，一定要多带狗狗下楼玩耍。总之，狗狗的体型要与公寓住宅的面积和格局相配套，让狗狗有着足够的空间挥洒自如，才能实现你与狗狗的快乐公寓生活。

3.
18种人气公寓狗狗任你选

贵宾犬

【公寓匹配指数】★★★★★

　　贵宾犬是最适合在公寓饲养的狗狗。它又被称作贵妇犬，原产法国，举止高贵、浪漫气息十足，而无论是体型、性格还是外形，都非常符合大众的口味。

体型 ▷ 一般来说，贵宾犬有3种体型，第一种是标准贵宾犬，成年犬身高是28～38厘米，体重约22千克；第二种是迷你贵宾犬，身高25～28厘米，体重约12千克；第三种就是玩具贵宾犬，身高在25厘米以下，体重约7千克。

被毛 ▷ 贵宾犬体毛很长，卷曲而又丰厚，质地柔软得像羊毛一样，毛色有纯黑、纯白、乳白、褐色、银色、蓝色和杏黄等颜色。这种犬掉毛相对较少，但也需要适时梳理。

性情 ▷ 贵宾犬聪明而又善解人意，性格温顺，而且比较爱干净，只要训练良好，不必担心它会"糟蹋"你的家具和地毯。它很容易训练，但同时也非常害羞，对付外来凶猛的动物常常力不从心，所以千万不要指望这种犬来帮你看家护院。

比熊犬

【公寓匹配指数】★★★★☆

和贵宾犬一样，比熊犬也是非常适合在公寓饲养的狗狗。它的外形与贵宾犬有一定相似度，但也有不同之处。比熊犬具有欢快的气质，原产于地中海地区，有人怀疑它是巴比特犬和水猎犬的后裔。

体型 ▷ 成年雄性比熊犬和雌性比熊犬肩高在24～29厘米，体型显得很紧凑，是一种娇小、强健的白色粉扑型的狗。

被毛 ▷ 比熊犬只有白色，底毛柔软而浓密，外层被毛粗，微硬且卷曲。两种毛发结合，触摸时产生一种柔软而坚固的感觉，拍上去的感觉像长毛绒或天鹅绒一样有弹性。

性情 ▷ 比熊犬的性格一般都很温和，而且比较守规矩，敏感、顽皮且可爱。具有愉悦的外在表情是这个品种的特点，而且很容易因为小事情而满足。

吉娃娃

【公寓匹配指数】★★★★☆

　　作为典型的小型犬，吉娃娃也是非常适合在公寓饲养的狗狗种类。它可爱的外形特别惹人喜爱，而且对生活环境的要求并不苛刻，但在刚出生时要注意保暖。有些吉娃娃可能会喜爱吠叫，最好多加训练，以避免带来邻里纠纷。

体型 ▷吉娃娃正常肩高16～22厘米，体重0.9～2.6千克，它不仅是玩赏犬中最袖珍的种类，也是全世界最小型的犬。它头部呈苹果状，耳朵直立，眼睛滚圆，尾巴稍稍卷曲。

被毛 ▷被毛分短毛和长毛两种，颜色有淡褐色、栗色、银色和浅蓝色，也有可能出现多种毛色混杂的情况。

性情 ▷吉娃娃是典型的"人小鬼大"型宠物犬，性格排外，不喜欢其他种类的狗狗和它一起生活。个头虽小却精悍十足，打起架来，无论对方是身材威猛，还是实力相当，它总有办法出奇制胜。所以，吉娃娃除了可被当做玩赏犬外，还非常适合用来看家。

我可是个
勇敢的家伙！

迷你杜宾犬

【公寓匹配指数】★★★★☆

迷你杜宾犬的外形有点像鹿，所以又被称为小鹿犬。它活泼、开朗、强壮，行走的姿态昂首阔步，深受许多爱狗人士的喜爱。

体型 ▶ 迷你杜宾犬呈四方形，身高为26～30厘米。它的胸部很宽阔，背部直，腹部向上深入。

被毛 ▶ 迷你杜宾犬的被毛短而平滑，且具有光泽。毛色以巧克力色、黑、蓝为底色，搭配黄褐色斑纹或红色的系列。被毛为黑褐色，则为典型的迷你杜宾犬。唇、颊、胸、下颌、喉部、前足、后足、脚跟及尾下侧周围都是黄褐色。

性情 ▶ 迷你杜宾犬的警戒性很强，且聪明、忠诚。虽然体型小巧，却非常勇敢，是很好的家庭犬。

雪纳瑞

【公寓匹配指数】★★★★★

雪纳瑞贪玩的本性很适合和儿童相处，且对于陌生人怀有猜疑感，非常适合作为公寓犬，既能陪主人玩耍，又适合看家。

体型 ▷ 一般分为标准雪纳瑞、巨型雪纳瑞和迷你型雪纳瑞，成年后的标准雪纳瑞身高为46～48厘米，体重约10千克；巨型雪纳瑞身高为60～70厘米，体重为34～41千克；迷你型雪纳瑞身高为32～36厘米，体重为7～8千克。

被毛 ▷ 体毛较硬，而且粗糙，但眉毛和颈部的毛发很长，颜色大概有椒盐色、黑银色、纯黑色3种。平时要注意为它及时刷拭和修剪被毛，保持洁净。

性情 ▷ 雪纳瑞是典型的精力充沛、活泼好动的狗狗，需要主人经常陪伴与玩耍。

蝴蝶犬

【公寓匹配指数】★★★★☆

　　蝴蝶犬适应气候差异的本领很强，而且体味轻、口水少，护理方便。它特别喜欢跟着主人出门散步，是一种活泼而易于亲近的公寓犬。

体型 ▷ 成年蝴蝶犬一般身高20～28厘米，体重4～5千克，个子虽然小小的，但并不柔弱。

被毛 ▷ 蝴蝶犬的体毛有白黑、棕白以及白黑黄褐3种。它们的体毛被称为尼龙质地，不粘灰土，护理起来非常简单、省事。每年会自然换一次毛，时间一般在3～4月，所以不用为它修剪绒毛。

性情 ▷ 蝴蝶犬非常喜爱与主人玩耍，而且有一定的独占欲，主人一定要有充分的空闲时间来陪伴它们。

博美犬

【公寓匹配指数】★★★★☆

小巧可爱的博美犬对活动空间的要求不高，而且饲养费用低，很适合在公寓饲养。但不少博美犬喜爱吠叫，需要主人多加训练，以免影响邻居，造成不快。

体型 ▷ 博美犬是一种相当精致的小型玩赏犬，正常成年博美犬的身高不超过30厘米，体重不到5千克，活动空间较小。

被毛 ▷ 尾巴被毛上卷，似乎与头部相连，体毛粗厚且长，颜色有白色、红色、橘色、黑色和灰色。它掉毛较少，易于打理。

性情 ▷ 博美犬天性活泼，总是露出一副笑脸悦人的俊俏模样，酷爱家庭式温馨的性格非常招人喜欢。

北京犬

【公寓匹配指数】★★★★☆

北京犬是一种典型的公寓犬，但它畏冷怕热，需要比较精心地护理，尤其在天气闷热时应注意避免中暑。

体型 ▷北京犬个子娇小，但分量重得惊人，因为其前半身骨骼相对其他类型的狗狗来说简直异常沉重。一般来说，一只成年北京犬在体态标准的情况下，体重在6.35千克以下都算是比较理想的。

被毛 ▷北京犬的被毛较长，有丰厚柔软的底毛盖满身体，脖子和肩部周围有显著的鬃毛，所以需要每天梳理一次。

性情 ▷北京犬有着典型的帝王情结，威严、自信、顽固且易怒，但同时还有一颗童心，它非常喜欢和小孩子相处，有时甚至会陪小孩一起玩玩具。

巴哥犬

【公寓匹配指数】★★★★☆

巴哥犬是可爱的小型犬种，很喜欢运动，但因为呼吸道特别短，不适合进行剧烈的运动，所以外出时一定要记得给它戴上项圈，以限制它乱跑或剧烈运动。

体型 ▷ 成年的巴哥犬标准身高在25～28厘米，体重6～8千克。身短且健壮，胸部相当宽。

被毛 ▷ 体毛颜色有银色、杏黄色、金黄色和黑色，它的毛一般非常短，摸上去比较柔软，顺滑而有光泽，不需要经常打理。

性情 ▷ 巴哥犬虽"面目狰狞"，但心地善良，记忆力强，很容易驯服。另外，别看巴哥犬个子娇小，力气却是非凡。

松狮犬

【公寓匹配指数】★★★☆☆

懒洋洋的松狮犬最适合与好静的主人相处，如果你希望公寓里保持安静与闲适，那么松狮犬是不错的选择。

体型 ▷ 雄性松狮犬的平均重量一般在25～32千克，肩高48～56厘米；雌性松狮犬的平均重量应在20～27千克，肩高46～51厘米。它们的身体结构紧凑，肌肉显得非常发达而强壮，骨骼也比较粗大。

被毛 ▷ 松狮犬的被毛数量多，厚而且密，尤其是头颈部位的被毛蓬松如狮子，需要经常打理。

性情 ▷ 松狮犬性格文静，从不在家搞破坏，而且很容易学会定点排便。但它不善于取悦主人，以自我为中心，所以主人要有心理准备。

萨摩耶

【公寓匹配指数】★★★★☆

聪明美丽的萨摩耶是许多年轻人的最爱，它能与邻居和谐相处，维护邻里关系，很少闯祸。但萨摩耶的掉毛是一个较大的问题，主人要做好时常清理公寓地板的准备。

体型 ▷成年后的萨摩耶标准身高为48～60厘米，体重23～30千克。

被毛 ▷萨摩耶的尾巴上有很多毛，卷曲靠在背上；而它们的体毛长短适中，厚且直，从不卷曲；毛色以纯白色最受欢迎，除此之外，还有浅棕色、奶酪色。萨摩耶的被毛比较难打理，需要经常梳理、修剪和保养。

性情 ▷萨摩耶聪明、善解人意，对人温和友善，也不会经常吠叫。所以，它被当做玩赏犬的概率也是相当的高。

大麦町犬

【公寓匹配指数】★★★★☆

　　如果你需要一位警惕性高的家庭安全卫士，可以考虑选择大麦町犬，它不仅能看家护院，而且非常可靠，很适合经常出差的单身人士宠养。

体型 ▷ 成年后大麦町犬一般身高50～60厘米，体重22.5～25千克。轮廓匀称，肌肉发达。

被毛 ▷ 大麦町犬的体毛短硬、稠密、润滑有光泽，它们非常喜爱清洁，所以需要经常刷洗被毛或洗澡。

性情 ▷ 大麦町犬非常活泼，精力充沛，有很强的自我保护意识，也有很强的防御能力。大麦町犬性格非常敏感，在驯养时尽量不要采取严厉的惩罚措施，否则很容易适得其反。

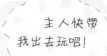

主人快带
我出去玩吧！

哈士奇

【公寓匹配指数】★★★☆☆

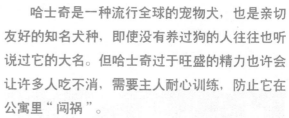

哈士奇是一种流行全球的宠物犬，也是亲切友好的知名犬种，即使没有养过狗的人往往也听说过它的大名。但哈士奇过于旺盛的精力也许会让许多人吃不消，需要主人耐心训练，防止它在公寓里"闯祸"。

体型 ▷ 哈士奇是一种身材比例非常协调的狗狗，它成年后的正常身高为51～60厘米，体重为16～27千克，身体结构紧凑，背直而且强壮，动作自由轻快。

被毛 ▷ 哈士奇的体毛很稠密、柔软，毛色多样，银灰色、浅沙石色、黑色都有。比较容易掉毛，需要经常梳理。

性情 ▷ 哈士奇很友好，对陌生人不多疑，对于其他宠物分享主人的宠爱，也不会表现出攻击性。它天资聪明、反应灵敏，很容易训练。

金毛犬

【公寓匹配指数】★★★★☆

金毛犬的日常护理和驯养都非常容易，而且善解人意。但主人要注意与它交流，不要让它长时间孤独地待在公寓里。

体型 ▷ 成年后金毛犬的标准身高是55～61厘米，体重是27～34千克。

被毛 ▷ 金毛犬的毛色只有一种，就是耀眼的金黄色，仿佛是"满身尽戴黄金甲"。它的体毛粗糙、浓厚，略呈波浪形，毛质防水性很好，但需要经常梳理、保持干净，否则很容易乱成一团。

性情 ▷ 金毛犬高贵典雅，温和亲切，喜欢靠近人，乐于接受主人命令，可塑性很高。它天生具备取回猎物的能力，善于追踪，有敏锐的嗅觉，很适合当做家庭犬。

美国可卡犬

【公寓匹配指数】★★★☆☆

可卡犬非常小巧可爱，但如果家中有刚刚学会走路的小孩，或者是上了年纪的老人，最好暂时不要养可卡犬，以免兴奋的狗狗不小心将人撞倒。

体型 ▷ 美国可卡犬是猎犬家族中最小型的成员，公犬的身高一般在36～38厘米，母犬一般是34～36厘米，体重在10～13千克。它有着强健紧凑的身体和轮廓分明的头部，并且有很好的耐力。

被毛 ▷ 全身上下布满了厚厚的体毛，略呈波浪形，且体毛颜色众多，有黑色、青铜色、褐色以及黑、白混合色，非常迷人。

性情 ▷ 美国可卡犬很容易产生激动和兴奋的情绪，这时一般会很激烈地摇摆尾巴。

边境牧羊犬

【公寓匹配指数】★★★☆☆

边境牧羊犬的智商极高，所以尽管它体型不小，却成为了许多家庭养狗的热门选择，但最好要有较大的活动空间。

体型 ▷ 边境牧羊犬是非常匀称的、中等体型的、外观健壮的狗。身高在43～53厘米，雌性比雄性略低。成年体重在14～20千克。它显示出来的优雅和敏捷与其体质及精力相称。

被毛 ▷ 被毛有两种类型，即粗毛和短毛，都有柔软、浓密、能抵御恶劣气候的双层被毛。幼犬的毛发短、柔软、浓密且能防水，而成年后转化成底毛。粗毛型的毛发长度中等，质地平坦，略呈波浪状，脸部毛发短而平滑。

性情 ▷ 最大特征是高智商，和主人的互动非常顺心愉快。它们警惕而热情，对朋友和小孩非常友善，而对陌生人则明显有所保留。此外，边境牧羊犬精力充沛，需要大量运动。

柯基犬

【公寓匹配指数】★★★★☆

柯基犬是欧洲有名的宠物犬，从12世纪的理查一世到现在的女王伊丽莎白二世，柯基犬一直是英国王室的宠物。近年来，柯基犬在国内非常流行，很适合作为家庭犬或工作犬。

体型 ○ 柯基犬身材矮小，但力气却不小，往往给人一种体格结实、充满活力的印象，有着优质的骨骼及惊人的耐力。

被毛 ○ 柯基犬属于短毛犬，它的皮毛非常易于打理，只需每周进行简单梳理，最适合不喜欢为宠物梳毛的人群。

性情 ○ 柯基犬是一种可爱、忠心的狗狗，性格温和，很喜欢与儿童相伴。它天生热爱运动，所以每天需要进行大量的户外运动与玩耍。生性活泼，喜吠叫，需要从小就训练它不吠叫、不撕咬东西。

拉布拉多犬

【公寓匹配指数】★★★★☆

拉布拉多犬是一种中大型犬类，虽然个子不小，但却是一种比较流行的家庭犬，跟金毛犬、哈士奇并列为三大无攻击性犬类。

体型 ▷ 拉布拉多犬一般雄性肩高在56～62厘米，雌性则一般在54～59厘米，体重在25～34千克。

被毛 ▷ 拉布拉多犬的被毛与众不同。被毛短、直且非常浓密，触摸时给人一种相当坚硬的感觉。拉布拉多犬拥有柔软且能抵御恶劣气候的底毛，能在水中、寒冷的地方，以及各种不同的地形条件下给予保护。

性情 ▷ 性情温和、聪明听话、容易训练、活泼好动、忠于主人、服从指挥，它们是非常友好的狗，尤其是对待小孩子们。

做个有准备的养狗人

1. 你的居室适合养狗吗

在公寓住宅中养狗不是一件难事，但也并不像你想象的那样简单。在抱回一只狗狗之前，首先得对你的居室进行一番测评，看看你的居室是否适合养狗。

标准一
足够的空间

虽说公寓楼房中每一套房屋的面积都是有限的，但也有大小之分。一般来说，普通户型都可以根据需要饲养各种体型的狗狗，但如果你购买的是迷你小户型，就要好好斟酌一下是否能给狗狗足够的空间了。迷你小户型往往格局紧凑，甚至卧室、客厅等房间的功能区分都不明显。即使是主人，住在房间里也会觉得受到了一定限制，如果此时多出一只活泼可爱、精力旺盛的狗狗，就更显得房间狭窄、拥挤不堪了。在这样的小空间里，狗狗往往会觉得精力无处发泄，甚至患上忧郁症。

标准二
自由与敞亮

简单来说，居室最好能保持敞亮、空气流通，而且拥有与外界连通的场地——庭院、阳台、空中花园等，才更适合狗狗的生存。狗狗生活在钢筋水泥构筑的公寓之中，如果整日面对的是四面的墙壁，房间中的光线也不够明亮，时间久了很容易造成心理创伤。而如果狗狗能生活在敞亮的环境里，并能在阳台等地与外界大自然相接触，就能够弥补公寓狗狗生活中的天然缺失。

标准三
能接纳狗狗的家庭成员

如果你并不是一个人住，那么除了要考虑自己的爱狗之心之外，还必须考虑家庭其他成员是否能接受狗狗的到来。比如家中有宠物毛发过敏者，那么就得重新考虑你的养狗计划了；如果家中有行动不便的老人，那么最好避免饲养过于活泼好动的狗狗，以免老人不慎被淘气的狗狗绊倒。

如果你是个真正的爱狗人，可千万别把狗狗当成会动的毛绒玩具，要知道，它可是活生生的小动物，也有着自己的性情与习惯。如果狗狗与你的性格相契，自然能为你的生活增添快乐；可要是你与狗狗性格"合不来"，很可能就会"相看两厌"了。所以在决定养狗之前，你与狗狗也得测一测性格匹配指数。

2. 你与狗狗的性格匹配指数大测试

动与静的 匹配指数

如果你是个喜爱安静的人，那么热衷于汪汪叫、不停闹腾的狗狗一定会令你头疼万分，不妨选择性情温顺乖巧，甚至有点儿懒洋洋的狗狗；而如果你性格活泼开朗，是个运动爱好者，就可以选只好动的狗狗，无论是晨跑还是爬山，都能带上它，旅途上就不会寂寞啦。

习惯与年龄的 匹配指数

狗狗的生活习惯大同小异，所以这里考察的重点是你自己的生活习惯。比如，如果你是个朝九晚五的上班族，家中又没有其他人，那么最好选择已经受过训练的成熟狗狗，而不要选择年龄小的狗狗，因为小狗刚刚离开母亲，缺乏安全感，会感到孤单、恐惧，寂寞会让它们的心灵受到伤害；小狗的生活习惯还没有养成，如果任由它独自待在公寓里，没有主人进行随时的看管，很可能会养成随地大小便、撕咬家具等坏习惯。当然，如果你是个自由职业的SOHO一族，或者有家人经常在家留守，就没有这方面的限制了。

健康是人生最大的财富，对狗狗来说同样如此。如果狗狗体弱多病，不仅狗狗痛苦，主人也会倍感难受。那么，去哪里寻找健康的狗狗呢？也许朋友的家中正好有小狗出生，也许路边遇上的一只小狗就能成为你居室的最佳伙伴，但缘分总是可遇不可求，大多数情况下，人们还是会选择一些专门的贩售场所。

3. 健康的狗狗哪里来

流动小贩

流动小贩的狗狗健康得不到保障，而且品质保证无从谈起，有些小贩甚至为了让狗狗保持活泼状态而注射有损健康的针剂。所以，最好不要从他们那里买狗。

宠物商店

宠物店大多都有自己的特色品种，但来源不太容易确定，有时是纯种狗，有时又是杂交的后代。而且由于宠物店里狗狗比较集中，疾病传染概率较大，如果店家责任心不够，健康质量并不能完全保证。这就需要你多方考察，选择信誉较好的店进行综合比较。

正规狗社

专业狗社往往能找到健康犬。正规狗社多有固定营业地址，狗狗来源渠道正规，多是从国内外著名爱犬协会选购而来，血系纯正。狗狗饲养也有专业程序，由专门技术人员负责，健康质量有保障。

不过，正因为具有标准化和专业化的特点，正规狗社里的狗狗通常价格也比较贵，身价大多是其他地方的2倍，个别珍稀犬或热门犬，甚至可能达到4~5倍。

4.

如何挑选一只
健康的狗

挑选狗狗可不是挑选普通商品，无法通过国家质量标准认证之类的方法来选购，也不能完全听信宠物店的保证与推荐。如果想要拥有一只健康的狗狗，就必须练就火眼金睛，掌握好以下几条标准。

标准一	标准二	标准三
耳朵	**口腔**	**鼻子**

用手在狗狗的侧面和后脑勺处打响指，如果狗狗循着声音源的方向寻找，就说明听力正常无碍，否则就可能有听力问题；将狗狗的耳朵外翻，看看里面的情况，如果有异味、黏稠状附着物、红肿、外伤出血，就说明有内耳损伤或耳内寄生虫，这些都是不健康的表现。

查看狗狗口腔，健康狗狗应该拥有白色的牙齿、粉红的牙龈，口腔中除了唾液，不会有异样分泌物，也不会有难闻的口气。有些狗狗可能会有牙齿损坏或口气，但这类问题一般不严重，可以通过治疗来解决。

但如果狗狗的牙龈呈现灰白色，就可能是身体虚弱、营养不良甚至先天性贫血的表现，潜在病因较多，最好不要购买。

狗狗的鼻子在刚睡醒时可能是干燥的，但大多数情况下正常狗狗的鼻子应该是湿润的，鼻涕颜色透明；如果鼻涕是黄色的，还有咳嗽声，就可能是患上了呼吸系统疾病。

标准四
眼睛

把手放在狗狗眼前晃动，如果狗狗的视线跟随你的手晃动，就表示视力正常。此外，狗狗的眼睛清澈干净才健康，如果眼睛充血、眼球有白膜、眼角有大量眼屎，就是不健康的表现。

标准五
皮毛

用手轻轻分开狗狗的毛发，看嘴巴周围、脖子下面、耳朵后面、腋下和大腿处的皮肤，如果这些地方的皮肤是呈块状或片状的红色，说明狗狗已经感染了螨虫或者真菌；如果在毛发里发现了黑色小颗粒，并且皮肤颜色不正常，就说明狗狗身上可能已经有了跳蚤。

标准六
脚垫

成年狗狗的脚垫丰满结实，幼年狗狗的脚垫柔软细嫩。如果狗狗脚垫出现干裂情况，说明它营养不良；幼年狗狗脚垫若是很坚硬，则非常有可能是犬瘟热的前期表现。

标准七
精神面貌

健康的狗狗一般都活泼好动，对新鲜事物呈现出好奇而又恐惧的状态，而且与人类有着应有的互动。而如果你发现狗狗只顾着吃食，看见陌生人时表现得非常迟疑，眼神躲闪，紧紧夹着尾巴，那么可能缺乏环境训练，很难适应新的生活环境。

标准八
接种疫苗的记录

这点非常重要，一定要查看接种疫苗记录。狗狗一般在2个月时接受第一次疫苗注射，以后每隔3~4周重复一次，前后共3次，之后可以每年1次。所以一只狗狗至少需三个半月的时间才能完成幼犬期的疫苗注射，一般正规狗社都应能提供与狗狗年龄相当的完整免疫记录。

狗狗个性差异，
性别也有讲究

除了要对狗狗的品种、健康进行考察之外，要想领回一只与你相处愉快的狗狗，还得考察考察狗狗的性别。比如同样是一个品种的狗狗，有的活泼好动、精力旺盛，恨不得一天24小时都与你纠缠玩耍；有的狗狗却文静安详，温柔地看着你，或者懒洋洋地趴在窝里，不肯多动弹。除了个性的差异之外，狗狗的不同性别也会造成这种差别。

狗狗性别 差异的原因

究竟是什么让公狗和母狗有如此迥异的性格呢？狗狗体内的雄性激素和雌性激素是非常关键的因素。这两种影响着人类生殖和性别的激素，大家或许耳熟能详，把它们搁在狗界，也同样行得通。一般我们见到的公狗，身材高大，毛发较多，脸部线条粗犷，这是因为雄性激素多，从胚胎时期就开始发育运作；而母狗体内雄性激素少，自然毛发相对较少，脸部线条也柔和得多。

另外，我们常说狗狗到了一定的年龄就会发情，也是由激素引起的，且通常是由体内雌激素较多的母狗先"勾引"公狗，两者才会出现不断交配繁殖的现象。但是，对于狗狗来说，发情交配只是一项任务，不需要有爱情的忠贞，所以狗狗交配的对象一般不必太过熟悉，这只是一种繁殖机制而已。

性别 也是挑选狗狗的重要指标

正因为如此，就像人类有男女差异一样，狗狗性格上也有公母之分。在大多数情况下，母狗比公狗更加文静，很多养狗人可能都有这样的体会，带着母狗出门散步，不需要在狗狗脖子上套绳子，它也会紧跟主人的脚步；而公狗则来去像一阵风，好像永远都有用不完的精力，出门了还喜欢到处嗅，到处撒尿。所以在挑选狗狗时，也别忘了性别的不同。

每个成年人都有自己的身份证，而每只家养的狗狗也都应该有自己的"户口"，也就是人们常常说的"狗证"。有了身份的证明，狗狗才能在城市里拥有自己的合法身份，这不仅有利于城市管理，也有利于主人更好地保护狗狗的权利。您可以先打电话向相关部门咨询，包括办理证件的条件、办理地址以及收费情况等。

"狗执照"：解决它的户口问题

办理条件

（1）养犬人具有完全民事行为能力；

（2）有固定住所且独户居住；

（3）已按规定对犬只进行免疫；

（4）所养犬只符合有关犬只数量、品种、标准的规定；

（5）法律、法规规定的其他条件。

办理标准

每个城市对办证狗狗的标准不一，许多城市市区内养犬标准比较严格，比如规定身高不超过40厘米、体重不超过10千克等，但也有城市实行的是其他标准。此外，许多城市对于每户居民养狗的数量、品种也可能会有限制，需要提前问清楚。

办理所需物品

（1）狗狗的免疫证，即由依法设立的动物防疫机构出具的免疫证明；

（2）狗狗主人的身份证、户口簿或暂住证、身份证明；

（3）狗狗彩色照片1~2张，有些城市也需要主人提供自己的照片；

（4）主人还要带上狗狗，一同前往办理。

7. 公寓养狗必备物品

狗窝

狗窝既能让狗狗拥有安全感，又能防止狗狗在家中四处捣乱。狗窝有温暖的棉窝，也有木屋、笼子或藤床，可以根据狗狗的喜好来选择。

食具

狗狗的食具一般包括塑料材质和不锈钢材质，可以选择各种可爱的外形。此外还应该购买一个量杯，用来控制狗狗每天的食量。

狗项圈

带狗狗走出公寓、乘坐电梯，又或是在小区里散步时，缺少不了项圈的帮助。它能让你将狗狗控制在身边范围内，既防止狗狗侵扰他人，也防止它四处乱跑、遭遇危险。

狗粮

狗粮是根据狗狗营养需要调配的专用粮食，训练狗狗吃狗粮，可以避免狗狗因食用人类食物而导致的问题。此外，注意幼犬狗粮与成年犬狗粮的不同。

沐浴用品

给狗狗洗澡最好选择狗狗专用的沐浴用品，比如幼犬可以选择干洗、免水洗的沐浴粉，防止狗狗着凉感冒；而毛发较多的狗狗可以选择带有顺毛效果的沐浴露。

玩具

狗狗的玩具很多，包括橡胶球、毛绒玩具、发声玩具、飞盘等，此外还有专门的磨牙玩具，能防止狗狗撕咬家具。

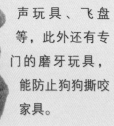

狗厕所

狗厕所多为塑料制品，下方为塑料盘，上方是网格盖板，放入吸水性强的宠物尿布，狗狗在上方撒尿或便便，非常方便卫生。有些狗厕所还带有围栏。

运输箱

以塑料制品居多。有方便狗狗进出的小门，还有多个窗口，透气性较好，底部有尿盘和隔板。带狗狗出远门，乘坐火车、飞机等运输工具时，运输箱不可缺少。

第二章

公寓狗狗的居家小日子

家有狗狗，规划最适宜的活动空间

1.客厅起居室：人与狗的互动乐园

爱狗达人
李扬

狗狗大名
哈哈

狗狗品种
贵宾犬

爱宠生活秀

我们家的哈哈是个淘气的"男孩子"，在家中上蹿下跳是它的拿手好戏。我也希望它能安静点儿，可小东西很容易兴奋。每次我下班回家躺到沙发上，它就高兴地在我身边转悠，还把它最爱的布娃娃叼过来，轻咬我的手，希望我跟它玩"丢娃娃"的游戏。

看着它真诚的小眼神，我真不忍心拒绝，只好努力配合，把娃娃扔到客厅的角落，哈哈顿时飞扑而出，奔

跑的模样简直帅呆了。冲到墙角，它来了一个"急刹车"，英勇地扑住娃娃，把它叼起来，屁颠屁颠地奔到我怀里。

爱宠
大学堂

客厅通常是室内面积最大的场所，这里不仅可以让上班一天的人回家卸下疲劳，也是主人与狗狗互动最多的地方。当狗狗在客厅活动的时候，主人不妨把客厅稍微规划一番，让人和狗狗能够更融洽地相处。

整洁的客厅环境

如果要让狗狗在客厅的活动更加自如，主人首先应该把客厅的环境规划一番，避免狗狗在嬉戏中闯祸。比如，把客厅的小摆件都尽量放置到狗狗无法接触的地方，如上锁的玻璃柜里，或者高高的搁板架子上。如果担心狗狗抓坏沙发，建议给皮沙发做一个布套，若是布沙发，则可以在沙发上喷洒一些柠檬水，来防止狗狗"使坏"。

暗中观察狗狗行为

主人在家的时候，可以稍微留心狗狗在客厅的活动轨迹，暗中观察它是否有什么"不轨"的行动。如果狗狗喜欢啃咬家具，主人一定要及时制止，纠正狗狗的坏习惯，确定基本上没有问题之后，再将狗狗放养至客厅。

适当绿植点缀

大多数狗狗只要经常在客厅活动，多少都会留下一点儿狗味。有些细心的主人会购买空气清新剂进行喷洒，想让客厅空气质量更好，但空气清新剂的质量良莠不齐，可能会对狗狗的健康造成伤害。其实在狗狗碰不到的高处种植一点绿萝、吊兰，也是比较环保而有益的方法。

爱狗达人　王丽

狗狗大名　阿比

2.卧室：休息港或狗狗禁区

狗狗品种　比熊犬

爱宠生活秀

　　阿比来家里两个月了，我们和它相处得非常愉快，可烦恼也不少。我给它准备了温暖漂亮的小窝，在客厅也给它摆放了不少玩具，可不知为什么，阿比总对我的卧室念念不忘，有时候稍不注意，它就会偷偷跑到我的床上去。

　　每晚我和老公准备休息的时候，都会趁阿比不注意，偷偷溜回卧室关上门。但每次阿比都会蹲在门口，发出呜呜的叫声，听起来怪可怜的。可我也没办法，老公不喜欢它跑到卧室里来，我也担心它经常在阳台花盆里蹭来蹭去的小脚丫，会把我的床单踩成"地图"。可是听见阿比在门外的哀叫声，我又心疼不已这该怎么办才好呢？

卧室应该划分为狗狗禁止进入的区域，不仅因为这里是主人休息的地方，而且这里的环境卫生也关系到主人的健康，狗狗进出卧室难免会携带一些细菌，同时也不利于之后的性格调教。因此，喜欢让狗狗进卧室的朋友，绝对要狠下心来哦。

不让狗狗进卧室

卧室是人们休息的场所，如果经常让狗狗在卧室里转悠，或者睡在卧室的床上，狗狗就会产生错觉，觉得自己的地位跟主人一样高，这对以后性格的培养并不是什么好事，还会变得难以管教。那些喜欢依赖着主人睡觉的狗狗，待狗狗满5月龄后，主人还是要狠心一点，让狗狗养成独立睡觉的习惯。如果觉得关门会让狗狗感到恐惧，可以加装供狗狗进入的围栏门，它慢慢就会习惯。

训练狗狗不进卧室

可以先将卧室的门掩着，如果狗狗想进入，就马上将门关上，稍微夹一下它，让它挣扎一会，然后松开，并发出口令"出去"；如果它趁你不注意溜进去，就用报纸或者塑料棒打它的后脑勺，发出口令"出去"，这种突然袭击的方式非常有效，多试几次，狗狗就不会试图进来，即便狗狗不小心闯入了，主人发出口令，受过训练的狗狗也能听话地退出去。

狗狗进出卧室要消毒

如果狗狗已经养成了进卧室的习惯，那么一定要注意消毒，并且禁止狗狗上床。狗狗不像人类会非常注重个人的卫生，它的清洁与否，完全取决于主人是否勤快。可以想象狗狗在地上走路的小脚，突然跳到床上，难免会留下几个小黑印，同时它还会携带很多细菌，即便是洗完澡的狗狗也不要让它上床。如果狗狗已经养成了在卧室转悠的习惯，主人从个人健康的角度出发，尤其要做好室内的清洁工作，定期还要喷洒一些消毒药水。

3.卫生间：充满危险与诱惑的地方

爱狗达人 杨丽

狗狗大名 乖乖

狗狗品种 博美犬

爱宠生活秀

我们家的小博美有半岁多了，大部分时候大家都是挺喜欢它的，不过，一旦它到处拉便便，就成了谁也不爱的"讨人嫌"，有时候一番训斥之后，它能有所改正。可是过不了几天"恶魔"的本性又还原了，真不晓得该怎么办才好？

这天我刚好放假在家，准备好好训练它一番，可能它也知道我在盯着它，居然自己跑到厕所便便了，真让我窃喜一番。可过了几分钟，小家伙还没从厕所出来，我就感觉有点儿不对劲了。开门进去一看，眼前的情景真把我气得七窍生烟，它居然在有滋有味地吃着自己的便便呢！

爱宠大学堂

对狗狗而言，卫生间是一个危险的地方，几乎每一只在公寓长大的狗狗都在此处受过主人的责骂。当狗狗学会在固定的地方便便之后，又会觉得这里充满了诱惑。怎样才能让狗狗更有规矩，让卫生间不再成为令人烦恼不已的场所呢？

消除危险

狗狗对卫生间具有好奇心，比如有些狗狗可能会喝马桶中的水，有些狗狗可能会在卫生间里跑进跑出，将卫生间地板上的水带到客厅和卧室。所以，养狗的家庭也得对卫生间好好布置一番。比如平时要盖上马桶的盖子，如果狗狗养成了在马桶便便的习惯，固然值得表扬，但也要训练狗狗不要钻进马桶或喝马桶中的水。而卫生间的地面也要时常打扫，不要让狗狗的脚丫沾上脏兮兮的水。

拒绝"诱惑"

有些狗狗懂得在卫生间大小便，但可能会把自己的便便吃掉，这是非常让主人头疼的问题。要让狗狗懂得拒绝这种诱惑，首先要在狗狗吃大便的时候严厉制止；如果狗狗已经吃完大便，最好不要有任何的体罚动作，因为狗狗已经不知道体罚的原因是什么。可以在狗狗大便完之后赞美它，并用好吃的狗狗零食引诱它，让它远离大便，渐渐把这个坏习惯改掉。还可以给狗狗吃些厌粪丸，也有一定的效果。

爱狗 达人

狗狗 大名

刘欣

朵朵

狗狗 品种

拉布拉多犬

4.阳台与庭院: 袖珍式大自然

爱宠 生活秀

在不带狗狗遛弯的时间里，朵朵非常喜欢在阳台玩耍，在这里不仅可以看到小区来来往往的人，还能晒晒太阳，非常有益于健康。

朋友来我们家参观一番后，觉得阳台绿色气息不足，我想想也是，偌大一个阳台居然一盆绿色植物都没有。心动不如行动，晚上我在楼下的花店直接抱了一盆吊兰上来，放在阳台地上。朵朵看到后好像也挺喜欢，不停地在周围转悠，正当我准备回房收拾一番时，忽然听见撕拉的声音，回头一看，朵朵一口咬下了好多片吊兰枝叶——哎，我刚买的吊兰啊！

我可是忠心的狗狗哦!

爱宠大学堂

狗狗不能总是待在室内,在主人不想带狗狗出去遛弯之时,不妨将狗狗放在阳台或庭院之中,感受一下自然环境,让狗狗多一份自在的享受。将狗狗放于这两处该注意些什么呢?

准备一个小垫子

在阳台或者庭院铺上一个小垫子,在阳光照射进来的时候,可以让狗狗惬意地躺在上面,主人也可以坐在旁边,喝上一杯咖啡,美好的生活由此展开。

适当遮挡

如果主人想把狗狗放在阳台或庭院里玩上一会,这里还要准备好一个可以遮雨或者遮阳的地方,以防突降大雨让狗狗受惊而嚎叫扰邻,或者狗狗不想晒太阳时可到阴凉处歇一歇、躺一躺。此外,阳台的围栏一定要保证有足够的密度,防止狗狗从围栏中钻出,不慎落下阳台。

绿植务必高摆

很多人都喜欢在阳台或庭院种植绿色植物,但狗狗也有喜欢啃食绿植的习惯。这其中的原因,有些可能是缺少微量元素,有些则可能是淘气的性格使然。需注意的是,有些植物可能无法被狗狗的肠胃消化,啃食后会出现呕吐的症状,这就要求放在这两处的植物务必摆高一点,以狗狗碰不到为佳。

膳食平衡，狗狗日常喂养 ABC

1.按点吃饭，狗狗每天吃多少

爱宠生活秀

狗狗品种　贵宾犬

　　球球到我们家才两周，由于是迷你型的贵宾犬，看起来小小的一只，可爱极了。我给它每天喂三顿，每顿大约喂食40颗狗粮，因为我总担心它吃得太多，消化不良而引起胀气。当然，也怕它从迷你型的贵宾犬变成了"巨贵"。

　　可我发现，每次只要我在吃饭，它就非常馋嘴地看着我，我不忍心也喂它吃一点儿，它吃得高兴极了，如狼似虎一样，就跟之前那顿没吃似的。

　　出去玩的时候，别的狗狗都是昂首挺胸在草地上跳跃，可它总是慢悠悠地到处闻，好像在找什么吃的食物，如果发现周围有小朋友在吃东西，它一定就会扑了上去。到底它这是在家没吃饱，还是天生就是一个贪吃的主呢？

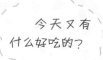

今天又有
什么好吃的？

爱宠
大学堂

　　关于狗狗吃狗粮的问题，很多朋友都会问狗狗一天吃多少、吃几顿才合适。实际上，不同品种的狗狗饭量是不一样的，同时还要看狗狗的年龄、每天的运动量以及体重。一般来讲，每日的喂食量可以参考以下表格中的数据（单位为克）。

小型犬								
月龄 体重	2月	3月	4月	5月	6月	7月	8月	9月	10月
2千克	50	55	55	55	55	55	55	55	55
3千克	65	75	75	75	75	75	75	70	70
4千克	80	95	95	95	95	90	90	90	90
5千克	95	105	110	110	110	110	105	105	105
6千克	100	120	125	125	125	125	120	120	120
8千克	115	135	140	140	140	140	135	135	135
10千克	135	150	160	165	160	160	155	155	155

　　小型犬成年后，体重在5千克左右，每日的喂食量应在120克以内；体重在5~12千克，每日的喂食量应在200克以内；如果小型犬每日固定运动1小时，那么应该在基础喂食量上增加40克左右，依此类推。

中型犬（幼犬）

体重 \ 月龄	2月	3月	4月	5月	6月	7月	8月	9月	10月
11千克	150	175	185	185	185	180	180	175	175
15千克	180	230	245	250	245	245	240	240	235
20千克	200	250	300	305	305	300	295	295	290
25千克	250	300	345	355	355	355	350	345	340

中型犬（成犬）

体重 \ 运动	无运动	每日运动1小时	每日运动2小时
11千克	155	175	190
15千克	200	230	245
20千克	235	285	320
25千克	265	320	355

大型犬（幼犬）

体重 \ 月龄	2月	3月	4月	5月	6月	7月	8月	9月	10月
26千克	250	305	350	385	390	380	370	360	350
30千克	260	310	380	430	440	435	425	415	405
35千克	300	350	405	455	495	475	475	470	450
40千克	360	410	465	525	545	540	525	520	515
45千克	395	455	510	570	585	580	570	560	550

大型犬（成犬）

体重 \ 运动	无运动	每日运动1小时	每日运动2小时
26千克	320	340	390
30千克	330	370	450
35千克	340	420	500
40千克	360	450	550
45千克	400	480	590

以上的每日喂食量按3顿来平均即可，如果一天当中有给狗狗喂零食，那么，狗狗喂食量也要相应地适当减少。通常来说，购买不同阶段的狗粮时，包装袋上都会有明确的说明，也可以根据说明来喂狗狗，不必为了一天该给狗狗喂食多少而发愁，只要喂了基础的喂食量，狗狗的健康成长是有保证的。如果是幼犬，还要把握少吃多餐的原则。

2.狗狗的 9种禁忌食物

爱宠
生活秀

爱狗
达人

candy

狗狗
大名

阳阳

狗狗
品种

泰迪

　　爱狗的人可能都有这样的体会，每当在吃东西时，狗狗一往情深地注视着你的时候，恨不得自己不吃，都全部喂给狗狗。所以我们家的阳阳被我喂得胖乎乎的，并不是吃的狗粮有多高级，只是跟着我有零食吃。平时吃糖果的时候，阳阳总爱到我旁边打转，给它吃一颗，它就高兴极了，咬得脆响。

　　这天，家里有人捎来了巧克力，喜欢糖果的我迫不及待就撕开了包装纸，这时阳阳又朝我投来了纯真的小眼神，心软的我掰了一小块给它，可过了没多久，阳阳就趴在地上不动了，一副很不舒服的神情。我赶紧送它到小区外的宠物医院，医生采用催吐的方法，过了好久阳阳才吐了出来。医生说巧克力对狗狗而言是非常危险的食品，都怪我的软心肠，差点让阳阳送了性命。

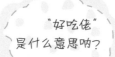

"好吃佬"是什么意思呐？

很多养狗的朋友都觉得狗狗的肠胃功能很强，但实际上，生活中有很多食物都是不能给狗狗吃的，某些食物中的成分会直接导致狗狗休克甚至丧命。下面就让我们一起看看，到底哪些食物是不能给狗狗吃的呢？

巧克力

有着浓郁香味和口感的巧克力，对狗狗而言是一种致命的食物。巧克力中所含有的咖啡碱会导致狗狗心跳加快，输往大脑的血液流量减少，轻则患上心脏病，严重的如果抢救不及时就可能导致死亡。纯度越高的巧克力，对狗狗的危害性也就越大。

生肉

这种肉里可能含有两种常见的细菌：沙门菌和芽胞杆菌，狗狗的免疫系统对这两种细菌的抵抗力较弱，食用含有这两种细菌的生肉后，会出现高热、腹泻、脱水等症状。最好给狗狗喂食完全煮熟的肉，这样才能有效杀死细菌。

洋葱

有着独特香味的洋葱，狗狗一般不会太感兴趣，但也有可能因为好奇而不小心吃下。洋葱含有的二硫化物对人体没有伤害，却会引发狗狗的溶血性贫血，狗狗食用后，会损害体内红细胞的功能而出现气喘、窒息。

生鸡蛋

生鸡蛋含有一种被称为"卵白素"的蛋白质，狗狗食用后会大量消耗体内的生物素，这种维生素是狗狗生长以及促进毛皮健康所不可缺少的营养，食用生鸡蛋后狗狗可能会出现掉毛、虚弱、骨骼畸形等症状。因此，最好喂狗狗煮熟的鸡蛋。

油炸食品

油炸食品拥有香脆的口感，也会成为狗狗偷食的对象。这种食物含有高脂肪和高热量，会直接导致狗狗的肥胖，以及让狗狗患上胰脏炎症。加上这种食物口味都比较重，经常食用后狗狗容易患上挑食的毛病。

牛奶

牛奶甜甜的奶香味，相信会让狗狗们欲罢不能。但是牛奶中的乳糖会让狗狗产生不适症状，出现脱水、腹泻、皮肤发炎；同时人喝的牛奶成分也可能不符合狗狗的需要，建议最好不要给狗狗喝牛奶。

调味料

对于狗狗来讲，直接吃狗粮或者熟的肉、骨头就好，不需要添加任何调料。比如盐吃多了，狗狗会出现掉毛的情况，而其他的调味料也对狗狗的味觉和健康有害。

鸡骨头

不少人家中的剩饭菜都会留给狗狗吃，比如鸡骨头。其实鸡骨头因其骨质比较坚硬，容易碎裂，狗狗食用后轻则割伤嘴巴，重则会刺伤喉咙，对肠胃也会造成损伤。建议最好喂食猪骨或者牛骨，有条件的情况下，最好能将骨头用高压锅煮烂一些再喂。

甜味食品

狗狗长期吃甜味的食物之后，会导致蛀牙，还可能会患上糖尿病以及出现肥胖的情况，这些对狗狗的健康成长都非常不利。

爱狗达人 **Andy**

狗狗大名 **淘气**

狗狗品种 **萨摩耶**

爱宠生活秀

都说萨摩耶是最淘气的狗狗之一，这话真是一点没错。我们家的萨摩耶不仅喜欢咬东西、爱撒娇，平时吃食的时候也像个小淘气一样。

如果是喂食狗粮，它就无精打采，看到碗里面的狗粮似乎一点兴趣都没有；可是如果狗粮里加了一点狗罐头，它就高兴得直打转，立刻就能风卷残云地吃完。轮到我们吃饭的时间，它会高兴得直摇尾巴，不知道是不是因为闻到了饭菜的香味。

要是我一个没留神，它就会直接把爪子伸到碗里面想偷食，你说这人吃的东西，被狗狗爪子碰过了还怎么吃呢？狠狠心想打它一顿吧，小模样还挺委屈。完全隔离起来，不让它靠近餐厅，它会非常焦躁地在阳台墙壁上不停刨爪子。唉，都怪我没有把它训练好，养成了不好的吃食习惯，现在想改也不知该怎么改。

几乎每一位养狗的朋友都会遭遇这种情况，变成"好吃佬"的狗狗会给主人带来无限的烦恼。其实这些情况都可以杜绝，只需要在平时对狗狗进行适当训练，狗狗就会完全改掉之前的坏毛病。

"吃"和"暂时不准吃"

只有通过训练，狗狗才会形成"暂时不准吃"和"吃"的认识。训练狗狗时，让它坐下等待，将食盆放到它面前，并命令"等一下"，做出随时会把食盆拿走的样子。如果狗狗要吃，就用指头弹它的鼻子，或者将食盆拿远一点，直至说"好"之后，再让它吃。反复训练数次，直至狗狗领悟什么时候可以吃，什么时候需要等一下。

对付偏食的狗狗

狗狗偏食不是个好习惯，同时也说明狗狗健康状况可能有异常，比如体内有寄生虫在作祟，或者消化系统有毛病。如果健康没问题，就只能说明狗狗患了奢侈的毛病。这属于任性的表现，最好一天只给它水喝，第二天少量喂食，不吃就拿开，等到第三天，狗狗就会忍不住而开始吃狗粮了。

另外，千万别以为每天喂食相同食物，狗狗会吃厌烦而不想吃，其实狗狗与人类不一样，它并不会产生这种想法。

在固定的地方吃饭

最好把狗狗吃食的地方固定在一个场所，这样狗狗饥饿时会在食盆附近打转，主人能更容易地知道狗狗的意图。

此外，很多狗狗喜欢跳上饭桌，这时可以大声训斥它，或用筷子敲打桌面警示；如果狗狗把头伸上来，就要拍打它的鼻子，让它把头缩回去。当然，最重要的一点是在主人吃饭前，首先一定要喂饱狗狗。

公寓爱狗 TIPS

狗狗吃食的时间，最好控制在5分钟左右，如果没有吃完，就收起来等到下一顿再喂。同时还要准备新鲜的水，吃完干粮后狗狗都会想要喝水，这时应及时补充水分。

4.莫让狗狗吃"嗟来食"

爱狗达人 **丽丹**

狗狗大名 **阳阳**

狗狗品种 **金毛犬**

爱宠生活秀

我们家金毛在外面活泼极了，一出门简直就是"狗遛人"，每次出门遛一次，回家后我的腰就要酸疼老半天。这点我也认了，就当自己也在锻炼身体吧！可我最烦恼的一点，就是它喜欢在外面乱吃东西，即使我狠狠地训斥它，也没收到什么效果。每次它吃了不干净的食物，回家后就会难受地吐出来，看得我心疼。唉，别人养金毛都自在得不得了，可是我出去都不敢松绳子，就怕它到处寻找脏东西吃下去。

有次参加宠友聚会，别人家的狗狗都很听话，只吃自己主人喂的食物，就它还好意思吃别人喂的东西，别人一抬手要喂自己狗狗零食，它就凑过去，把别人家狗狗的零食都吃完了，唉，我的脸也丢光了。

爱宠
大学堂

古话说饿死"不食嗟来之食"，但狗狗似乎不这么想。狗狗需要经过训练，才能懂得拒绝陌生人的食物，并且不随便吃地上的食物。如果你觉得这是警犬才要学习的本领，那你就大错特错了。

不吃"嗟来食"的必要性

事实上，训练狗狗不随便乱吃食物，是为了保证它的健康和安全。路边的食物未经消毒处理，容易让狗狗染上疾病；许多人对于狗狗喂养毫无认识，很可能给狗狗喂食一些禁忌食物；更有不怀好意的人可能会以食物为诱饵来偷取狗狗，甚至恶意向狗狗投毒。要防范这些情况，都必须训练狗狗不吃"嗟来食"的习惯。

不许狗吃陌生人喂的食物

主人可以先请朋友帮忙喂狗狗，当狗狗要吃时，主人大声训斥"不能吃"，狗狗停止吃食之后及时鼓励；之后用一根长长的牵引绳牵着狗狗，主人藏起来不让狗狗看到，再请朋友喂狗狗，如果狗狗要吃，主人立刻喊"不能吃"，同时猛拉牵引绳。如果狗狗表现出不吃了，主人要从隐藏的地方出现。

训练时最好不时更换扮演陌生人的朋友，如果总让一个朋友帮忙，狗狗就会觉得只有那个人的食物不能吃。

禁止狗狗随地捡取食物

带狗狗出门时，如果狗狗要吃地上的食品，要用短促激烈的口气大声说"不行"，同时猛地收紧牵引绳，如果狗狗反抗，可用手指轻轻击打犬嘴。一旦狗狗表现出不去理睬食物的神情，就要及时用温柔的口气表扬它，并带有抚摸的动作。

平时在家喂给狗狗食物时，也可以训练一下，不要让狗狗吃掉在地上的食物，养成好的习惯。

公寓爱狗 TIPS

以上训练，需要长时间反复练习以巩固效果。同时这些训练也与狗狗的素质有很大的关系，对于一些食欲反射强烈的狗狗，训练往往要花费更多的时间，主人也要更有耐心、更费精力才能达到效果。

小狗当家，
解决日常最
基本生活需求

1.名字感应，
你与狗狗的感情维系

爱宠
生活秀

爱狗达人
嘻嘻

狗狗大名
未取名

狗狗品种
西高地

我们家的西高地是一只拥有纯白色毛的大美妞，看着它漂亮的样子，在我脑海里浮现了无数个名字，如白雪、小可爱、美美、甜心、琳达等，但是回头一想觉得都不适合，给狗狗取名字成了我最近思考的重要问题。

狗狗到现在都没有名字，我也不知道叫它什么好，一直保持着慎重取名的态度。有事的时候，都是对着狗狗喊"来，吃饭""走，出门遛弯"等，同时还附带着手势。而狗狗呢，由于没有名字，有时候它也会傻傻地分不清楚到底是不是在喊它。唉，真不知道什么名字才最适合我们家的西高地美妞呢？

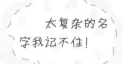

太复杂的名字我记不住!

爱宠大学堂

别以为狗狗名字是顺口一叫就出来的事情，其实给狗狗取名是非常有学问的，因为狗狗的名字一旦叫出来就不宜再改变了，前期一定要认真、慎重。

最上口的名字

朗朗上口的名字非常好记，狗狗容易识别也容易记住，如豆豆、招财、小白、丁丁、猪猪、球球、阳阳、欢欢等，但唯一的缺点就是容易重名，出门后，狗狗也许会遇到跟自己重名的伙伴。

自己喜欢的名字

可以从自己喜欢的人物名着手来取，如卡通人物中的小丸子、叮当、路飞、白雪、美亚、辛巴等，这种名字会显得狗狗很有亲和力；又如外国著名的历史人物，如巴顿、乔治、凯瑟琳等，这种名字会给狗狗无形之中增加一点霸气的感觉。

以狗狗喜欢吃的食物命名

如包子、馒头、花卷、布丁、奶酪、牛排等，听起来比较可爱，如果你带着狗狗在外面玩，狗狗在前面乱跑时，你大声呼喊它的名字，相信一定有人对你报之一笑。

极具个性化的名字

这里分为两种，一种是有名有姓，即跟着主人同姓，还有一个名字，比如主人姓钟，狗狗的名字叫钟多多，听起来非常有趣；还有一种是特别个性的名字，如铁蛋、扣扣、铁娘子、卡西、幺幺等。

跟狗狗的品种相关

还可以根据犬种来命名，如哈士奇就可以叫奇奇，或者哈哈；如金毛，就可以叫毛毛，或者阿金；如喜乐蒂就可以叫乐乐，或者LUCKY等。

爱狗达人 C·indy

狗狗大名 豆丁

狗狗品种 吉娃娃

爱宠生活秀

2.狗狗心事，
肢体行为让你知

豆丁是个温顺的"小姑娘"，和我一块儿玩的"狗友"们都说，他们以前从没见过这么听话乖巧的吉娃娃。听了这些赞美之词，我这个主人心里美滋滋的，所以平时也很放心地让它和亲戚朋友们玩耍。可最近，却出了件不大不小的事儿。

过年时有位朋友来拜访，看豆丁特别可爱，就逗它玩了好久。当时我也没太注意豆丁的情绪，只看豆丁欢乐地摇着尾巴，就觉得它一定玩得挺高兴的。过了一会，豆丁喉咙里发出"呜呜"的声音，似乎对朋友不厌其烦的逗弄有点不满。我正纳闷呢：平时豆丁在生气时才会发出这种声音，可它不是正摇着尾巴，在朋友身边蹦得欢吗？正疑惑着，豆丁突然向朋友蹿了过去，一口咬住了朋友的手。

这下可真乱套了。结果是我懊恼而又歉意地送朋友上医院包扎、打针，回家看着它浑然不知发生了什么的眼神，真是气不打一处来。

每一只聪明忠诚的狗狗都喜欢表现自己，希望能从主人那里得到关注和爱护，可狗狗与主人毕竟"语言不通"，所以双方相互理解的最大渠道，就是肢体动作了。面对狗狗，要想做个合格的主人，必须得时刻细心观察，了解它们的各种肢体语言，才能与狗狗好好沟通。那么，狗狗有哪些典型的肢体语言呢？

舌头的语言

只要是爱狗一族，一定都见过狗狗伸出舌头来舔人的可爱姿态。就像人类相互亲吻表达爱意一样，狗狗舔人也是一种表达好感的方式。无论是舔主人还是舔客人，无论是舔你的手掌还是舔你的脸蛋，都是在表达它对你的亲近和喜欢。所以，千万别在这时候将它推开。

不过，有时候狗狗舔的动作也会表达其他的意思。比如狗狗伸出舌头舔舐自己的嘴和脸颊，很可能是因为它饿了，在向你表达顺从的同时，希望你给它食物；而如果是神经兮兮地舔自己的身体或是脚掌，或是快速伸出舌头、舔舔周围的空气，那么就可能是在表达紧张的情绪。

尾巴的语言

狗狗摇尾巴很可能是对你示好，表达"谄媚"之情。在这种时候，它们常常眯着眼睛，尾巴和屁股不停快速摆动，又高兴又兴奋。

可是，如果狗狗在摇尾巴的同时，紧张地用尾巴左右左右划弧形，那么也可能是不安的表现，甚至可能是表示威胁、攻击的前奏。如果狗狗在这样做的同时还盯着某个目标，尾巴摇晃的速度比较慢，就一定是个警戒的信号了。

耳朵的语言

狗狗的听觉灵敏，耳朵也是非常"敏感"的身体信号表达部位。如果狗狗的耳朵和尾巴都竖了起来，胸脯也挺了起来，全身的毛倒立，龇着牙，就明显是一种准备攻击的姿态；而如果狗狗的耳朵收到脑袋后面，同时还夹着尾巴、弓着腰，藏在主人的两腿中间，这就表示它们被什么东西吓坏了，需要你抚摸和安慰。

猜猜我在
想什么？

身体的语言

狗狗最可爱的姿势之一，莫过于"懒惰"地趴伏在地上，前爪垫在身体底下，屁股撅起来，尾巴不停摇来摇去，有时候还会叫唤一两声，甚至一会儿在这里趴伏，一会儿在那里趴伏，还用濡湿的小狗眼神贼溜溜地看着你。这时候它是在表达："快，来跟我一块玩吧！"这是一个邀请的姿势，是狗狗们之间发起游戏的信号。

屁股的语言

如果狗狗突然转身把肥嘟嘟的屁股对着你，甚至用屁股蹭在你身上，别以为它是在跟你怄气。事实上，这种行为是在跟你撒娇。它将身体依靠在你身上，希望你给它抓抓背，这是个淘气的姿势。

爪子的语言

在训练狗狗的时候，最常见的动作就是与狗狗握手。哺乳期的狗狗，要通过前爪按压母狗的乳房来刺激分泌奶水，而长大后，这个抬起前爪抓挠的动作沿袭下来就成为狗向主人要求食物或抚摸的索取动作。所以，一般狗狗很容易学会这个动作。而正因为此，如果你发现狗狗在身边不停向你伸出"咸猪手"，可别以为它是想跟你握手，很可能它是想要从你那里获取食物呢。

以上这些都是大多数狗狗最典型的肢体语言，但也不能一概而论。比如有些长毛的狗狗，其耳朵藏在毛发之下，动作姿势看不清楚；还有些狗狗因为性格、情绪、生活经历的差异，表达意愿的动作也会不一样。所以，最好的方式还是与它朝夕相处，慢慢摸索出你的狗狗独有的肢体语言。

3.读懂千变万化的小狗眼神

爱狗达人 小新

狗狗大名 白雪

狗狗品种 比熊犬

白雪一直以来都是只非常听话的狗狗，前几天因为我要出差，就把它交给朋友养了几天，领回来的时候，看到狗狗好好的，没有什么问题，觉得很放心。

第二天我准时起床，喂好狗粮，匆匆忙忙去上班了，白雪也恋恋不舍地在门口看着我。晚上回到家时，它居然把垃圾翻得到处都是，而且不在厕所便便，因为天气有点热，家里味道难闻极了，我一气之下就打了它，还大声训斥了它。后来它缩到墙角，眼睛好像挂着泪珠……

看到这个样子，我心里难过极了，对着它说道："你以为我想打你吗？还不是因为你不听话。"白雪这时低垂着眼睛，也很难过的样子。晚上我们谁也没理对方，之后要带它出去玩它也不理，后来我半夜起来哄它，它才跟我"握手言和"。

看我的眼神，萌不萌？

爱宠大学堂

眼神是狗狗与主人之间最重要的交流方式之一，只要细心观察狗狗的眼神，就能发觉主人在狗狗眼中的地位，同时也能更加准确地了解狗狗的心理状态。到底狗狗不同的眼神表达了怎样的含义呢？

高兴的眼神

还记得每天下班回家，狗狗在门边高兴地摇尾巴，马上就要扑过来时的小眼神吗？那一刻狗狗是多么兴奋，尾巴和屁股总是不停地摇，而且还会追随着你的步伐，不停地用舌头舔你，不停地撒娇要你抚摸。如果这时你能细心观察一下，就会发现狗狗眼睛非常明亮，眼神也充满了笑意，而这些就是狗狗高兴的表现。

盯视的眼神

狗狗睁大眼睛直接盯视是一种威胁和专横的表现，在生活中，狗狗也会直接用盯视的眼神来控制人类的行为。比如当主人们围坐在餐桌边吃饭的时候，狗狗就会走过来盯着吃饭的人，这时狗狗的意图很明显，就是想要得到食物。这时一定不要让狗狗"得逞"，若是直接给了狗狗想要的食物，狗狗会理解成这是你的服从行为，以后狗狗会更加难以管束。

如果在遛狗的时候，有别的狗狗直接盯视，主人最好不要也投以盯视的眼神，这代表着一种挑衅和进攻的意味。

泪滴状的眼神

当狗狗不愿做某事，比如不想待在笼子里面，或者被主人教训时，就会浮现这种眼里有泪滴状或者呈三角形的情形，在近鼻处略宽，向颧骨处变窄，而这时就表现出狗狗非常委屈和可怜的心境。

回避的眼神

在与狗狗进行交流时，如果狗狗出现回避的眼神代表着服从的征兆，也可以理解为害怕的征兆。比如狗狗在外出游玩的时候，面对一只专横的大狗，就会避开视线，头朝下，刹那间将目光转移到别处，发生这种情况，基本上就可以理解为："我承认你比我强，我不会招惹你的。"

道歉的眼神

要是狗狗做了坏事，当主人训斥狗狗的时候，狗狗就会躲到墙角，耷拉着脑袋趴到地上，这时狗狗双耳收紧，两眼旁视或者不时偷看一下主人，还有少许皱眉状。如果出现这些讯号，就代表狗狗已经知道做错事情了，也有感到羞愧的神情，这就是向主人传达"请原谅我"的意思，这时主人不应再责罚打骂狗狗，以免影响狗狗的心理健康。

公寓爱狗 TIPS

狗狗的眼神千变万化，主人与狗狗相处就像朋友间的相处一样，要想和谐友爱，就必须读懂狗狗不同的眼神，才能知道狗狗到底在想些什么，才能与它进行正确的心灵沟通，让狗狗与你和谐相处。当然，需要注意的是，眼神只是读懂狗狗的方式之一，此外还要结合狗狗的肢体语言、日常习惯综合进行判断，这样才能最准确地把握狗狗的小心思。

公寓狗狗的完美生活

64

爱狗达人 天乐　**狗狗大名** 阿福

4.勤洗澡，解决基本卫生问题

狗狗品种 金毛犬

爱宠生活秀

　　我们家的阿福已经一个多月没洗澡了，每天都活泼得不得了，在家像个小疯子一样到处跑，在外面也是到处闻闻闻。妈妈说，在家的时候，阿福简直是每天都在帮忙拖地。它的身体脏兮兮的，还有一股难闻的味道，凑近一闻简直能把人熏死，还好意思每天在我回家时往我身上蹭蹭蹭！

　　但是说到给狗狗洗澡，我就很头疼。因为阿福不喜欢水，一旦把水淋到它身上，它就反应强烈。我只好采取强硬措施，把它丢到花洒底下，挤到墙角，把花洒调到最大对着它冲水。唉，我也知道这个洗澡的方式确实挺不温柔的，可阿福不爱洗澡的个性要怎么纠正才好呢？

愛宠大学堂

定期给狗狗洗澡可以预防狗狗毛发打结，并改善身上的体味。如果不给狗狗洗澡，就会导致毛发上病原体滋生，这样狗狗的健康就得不到保障了。因此，觉得给狗狗洗澡麻烦的朋友们，为了狗狗的健康也要耐心地去做。

洗澡的频率

如果是半岁以下的狗狗，建议不要水浴，用干洗粉洗即可，否则容易因为洗澡受凉而发生呼吸道感染，出现感冒等病症。在春秋两季，建议一个月洗2次澡即可；在夏季，有条件的情况下，建议每月可以洗3次澡；而到了冬季，一两个月洗1次澡就可以了。

洗澡前要梳理毛发

在给狗狗洗澡之前，先仔细地将狗狗全身的毛发梳理

一遍，这样可以避免狗狗毛发纠结在一起，还能将脱落的毛发梳理下来；如果是牛头梗、沙皮犬等毛发比较少的狗狗，则要提前检查狗狗有没有外伤或者皮肤病，发现这两种情况都不能洗澡，应直接治疗。

洗澡的水温

狗狗也会怕烫或者怕冷，所以给狗狗洗澡的水温要保持在它最适应的状态，通常应该控制在37~40℃。如果家中有恒温的热水器自然最好，而如果热水器的水温需要调节，那么应该在调节好之后再开始给狗狗洗澡。在调试好水温之后，应该让狗狗先适应一下水温，再按照狗狗的脚部、身体、头部的顺序打湿揉搓，然后再全身冲水。需要注意的是，还要防止狗狗的耳朵进水，以及预防狗狗听到水声之后受到惊吓。

我不要洗澡，不要……

洗澡手法

比较正确的入浴方法是，将狗狗的头部引到你的身体左侧，左手挡住犬头部下方到胸部的位置，这样可以很好地固定狗狗肢体，还要说一些温柔的话语，让狗狗感知；然后将你的右手放置于浴盆中，用温水按脚部、臀部、背部、腹部、背部、后肢、肩部、前肢的顺序轻轻淋湿；然后涂抹上专用的宠物香波，轻轻揉搓，先整体揉搓一遍，然后用手将两个耳朵遮住，用水轻轻从头顶往下冲洗。如果有的地方没冲洗干净，可以再冲洗一遍。

吸干水分，及时吹干

在给狗狗洗完澡之后，不要忘了用宽大的毛巾立即包住狗狗的身体，将它身上残留的水分吸干，然后局部慢慢擦一遍，再用吹风机将狗狗的身体吹干。如果是长毛的狗狗，在吹的同时一定要梳理被毛，只要狗狗身体未干，就应一直梳理到毛干为止。

勿忘清理肛门腺

在清洗的时候，可以帮助清理一下狗狗的肛门腺，但这里不是每次洗澡都需清理的。只要狗狗出现了用前脚行进在地上摩擦屁股、时常蹲坐、想咬屁股之类的行为，就说明是肛门下方长了小脓包、肛门腺出现了问题。在公寓长大的狗狗，因为其运动量不足，腿部肌肉肌力不足，因此很难将肛门腺推送出去，而这时屁股处就会产生不好闻的味道。因此，在这种情况下帮狗狗洗澡的时候，最好能够帮狗狗清理一下肛门腺。

公寓爱狗 TIPS

有些狗狗会通过舔主人表示亲近，但是如果狗狗有口气，主人还会让狗狗舔吗？因此，除了帮狗狗洗澡之外，最好每两年帮狗狗洗一次牙，这样可以有效控制狗狗牙结石，预防口腔疾病，还能让狗狗有一口清新好口气。

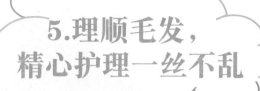

5.理顺毛发，
精心护理一丝不乱

爱狗达人 **狗狗大名**

君君 莉雅

爱宠生活秀 ♪

狗狗品种

贵宾犬

养狗狗是为了填补我一个人的单身生活，但是因为我白天要上班，狗狗也难以照料周全。虽然之前看中贵宾犬，就是因为其没有浓重的狗味、且不会掉毛的特性，但是毛结的问题却非常困扰我。

有时候勤快一点，一周能保证给莉雅梳理2~3次，毛结就会很少，摸起来也非常顺滑。可每次碰到我加班的时候，就无法给狗狗进行细致的梳理了，只要半个月不打理，莉雅身上不仅有毛结，还有毛块，要是靠近闻一闻还有一股怪怪的味道。拿着梳子给它梳理一番，莉雅还疼得哇哇大叫，碰到这种情况，只好丢到宠物店给它剃个精光。

虽然我也知道全部剃毛对狗狗心理有很大的影响，可是没办法，谁让它的毛发容易打结呢？

爱宠大学堂

狗狗的毛发就好像人的头发一样，要想毛发看起来非常亮丽，除了天生的遗传因素之外，还要依靠主人在其成长过程中用心护理，只有对狗狗毛发进行悉心护理，才能换来狗狗健康的"秀发"。

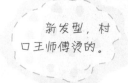

新发型，村口王师傅烫的。

细致梳理狗狗毛发

梳理狗狗的毛发是狗狗日常养护中比较重要的一个环节。在梳理的过程中可以除去狗狗被毛上的污垢以及灰尘，还能防止背毛打结，促进狗狗的血液循环，增强皮肤抗病力，也是跟狗狗培养感情的一种好方式。

梳理最好是早晚能够各一次，每次的梳理时间控制在5分钟左右。梳理的顺序应该按照从颈部开始，然后背部、胸部、腰部、腹部、后肢的顺序，也就是从前面梳理到后面，由上面梳理到下面，最后才是四肢和尾部。

有些朋友在给长毛犬（如阿富汗犬、古牧犬、马尔济斯犬等）梳理时，只梳理表面的毛发，其实狗狗的底毛最容易打结，因为它们的质感细软而绵密，长期忽略此处，还会导致狗狗出现湿疹、皮炎等。只需把长毛翻起来，轻轻梳理一遍底毛就可以了。

定期洗澡和运动

洗澡可以让狗狗的毛发更干净，预防皮肤病，对毛发的生长也非常有利。同时还要经常带狗狗出去活动一下身体，特别是在阳光灿烂的日子，阳光中的紫外线可以杀死隐藏在狗狗毛发里的有害细菌，加上运动奔跑的关系，可以刺激狗狗的血液流通，利于它长出更加健康的被毛。

细心解开毛结

几乎所有的长毛犬身上都会出现毛结的情况，要处理这种情况，首先要把狗狗的毛弄干后再梳理，如果是打湿的毛，狗狗的毛发就会因打结而缩水，更不容易打开毛结了。梳理毛结的时候，要用排梳把毛发末端的打结处处理一下，再向着毛根慢慢移动。如果觉得毛结快要梳理开了，可以换鬃毛梳将狗狗的毛发梳理平顺。

如果狗狗身上的毛结不止一处，或者打结的情况太严重，建议用专门的开结刀梳理，这样毛结会更好对付，否则狗狗一定会出现抗拒和挣扎。

使用专门的护发产品

有些偷懒的主人，会给狗狗使用人类的洗发水，其实这是不科学的。因为人的皮肤跟狗的皮肤酸碱值不同，适合人的洗发水并不一定适合狗狗，甚至还会伤害到狗狗。有些狗狗专用的洁毛液，使用后可以让它的毛发非常蓬松顺滑，同时不打结、易梳理；还可以让狗狗的肌肤产生抗菌性，预防狗狗的皮肤病，并将养分直接深入到狗狗的毛发根部，激活毛囊，让之后生长出来的毛发更健康。而这些作用都不是人用的洗发水所能取代。

以上这些都是通过基本的打理让狗狗的毛发得到细致的呵护，但是从健康的角度看，毛质的好坏跟狗狗饮食也有着直接的关系，狗狗毛色柔亮，毛质坚韧，还要吃得好。为了达到这个效果，首先要喂给狗狗专用的犬粮，还要适时补充蛋白质和含有脂肪的食物，如蛋黄、瘦肉、植物油等，同时还要补充微量元素，这些可以从海藻类、蔬菜类食物中获取。

爱狗达人 何洋

狗狗大名 扣扣

6.指甲修剪，拥有干净美甲

狗狗品种 金毛犬

爱宠生活秀

　　扣扣有两个月没有剪指甲了，现在它的指甲非常尖利，以前走路都没有声音的小家伙，现在在家里欢跳的时候，可以听到很清晰的指甲与地板摩擦发出的"吱吱"声。如果碰到我下班回来了，它会高兴地扑过来，这可害苦了我，我的胳膊上立刻就会被抓出好几条红印子，痛得我哇哇大叫，而扣扣这"坏小子"根本就不知道怎么回事，还在朝我使劲献媚呢。

　　我想帮他把指甲剪短一点，可是每当握起它的爪子我就很犹豫，不知道怎么下手才好，生怕弄疼了它。怎么给自己剪指甲那么容易，给狗狗剪指甲却那么难呢？

定期给自己的爱犬修剪指甲非常有必要，指甲过长不仅会让狗狗产生不适感，还会对室内的地板、木制家具等产生一定的损坏，并妨碍狗狗步行，甚至不小心刮伤主人。因此，主人们一定要定期给爱犬修剪指甲。

修剪指甲的必要性

很多在公寓长大的狗狗，大部分的时间都是在家中，即便是进行户外运动也非常的有限，而室内光滑的地面自然不会对狗狗的指甲产生多少磨损，此时指甲就在毫无磨损的情况下悄悄长长了。如果长时间不修剪，这些指甲不仅会在狗狗玩耍的时候弄伤自己和主人，同时也会划伤地板。总之，给狗狗处理指甲也是主人养护狗狗的一项重要内容。

修剪务必果断

一旦确定了给狗狗修剪指甲的位置之后，在剪断的时候一定要非常果断，千万不能犹豫、心软。因为狗狗如果发

现主人要修剪爪子，都会不自觉地将爪子收回，甚至抗拒。在操作时，要让狗狗安稳地坐着，然后主人用一只手用力按住狗狗的爪子，另一只手拿着狗狗专用的指甲剪，在它的指甲上比对好正确的位置，一次性剪断，等狗狗反应过来时就已经修剪完了。

此外，千万不要在狗狗缩爪子的时候强硬夹它的指甲，否则狗狗一定会产生逆反的心理，还可能会咬伤主人。

确定修剪的长度

在修剪指甲之前，首先得看看指甲角质里透出的暗红色部分，而下剪子的地方一定要在血线的下面，否则狗狗的指甲就会出血。在血线下面修剪几毫米就可以了，不要贪图省事一次修剪很多，宁可修剪的次数多一点，也不要一次剪得太深，否则狗狗感到疼痛，从而留下心理阴影，以后遇到剪指甲就会出现抗拒的反应。

选择最佳时机修剪指甲

短毛的狗狗，可以直接在爪子上看到指甲，只要查看到狗狗指甲变长就可以修剪了；但是长毛狗狗的指甲往往隐藏在厚厚的毛发里，给它洗完澡之后，脚毛在沾湿时就很容易看到长长的指甲了。

爱狗达人
Linda

狗狗大名
蕾蕾

7.充足玩具，让它发泄多余的精力

爱宠生活秀

狗狗品种
贵宾犬

　　我们家蕾蕾平时可听话了，可是只要一玩起玩具来，就变了样。给它一个毛绒的玩具，不到一周就开线了，如果不注意观察一下，再过几天，毛绒娃娃的手脚都不知道去哪儿了，地上都是凌乱的碎片。

　　我决定给它换一个耐咬一点的玩具，反正在狗狗成长的阶段，总是离不开几个小玩具，这次买了一个橡胶的球球，蕾蕾看着好欢喜，猛地一口咬过去，突然它就不玩了，一直用舌头舔嘴，我过去一瞅，才发现狗狗的牙齿出血了，天啊，蕾蕾居然把牙给咬伤了！

　　为了安全起见，我只好带着蕾蕾上医院。好在医生说蕾蕾处于换牙期，没什么大事，只简单处理了一下。我有些后怕，也有些疑惑，究竟什么样的玩具才适合蕾蕾呢？

　　别以为只有孩子需要玩具，其实狗狗也需要贴心的小玩具，来陪伴它们度过公寓中的生活。主人为狗狗选购玩具，一来可以让狗狗独自在家的时候打发时间和精力，二来也会转移狗狗的注意力，减少狗狗对家具的破坏。而如果没有这些玩具，狗狗就会直接撕咬任何它可以触及的东西。

不同材质的玩具适用不同狗狗

　　当你决定给狗狗购买玩具时，首先得了解狗狗的撕咬习惯，之后才能选择适合并且耐用的玩具给它。

　　聚乙烯和乳胶材质的玩具一般都比较柔软，并且会被制作成各种颜色，在啃咬的过程中会发出"吱吱"的响声，使得玩具更有趣味性。这种材质的玩具适用于攻击性比较弱的狗狗。

　　橡胶和尼龙材质的玩具耐用性比较强，这种玩具上面一般都会有小洞洞，这样狗狗撕咬起来会比较有意思。这种玩具通常适用于有中度撕咬习惯的狗狗。

　　由尼龙和棉质材料制作而成的绳索玩具，一般适用于有中度撕咬习惯的狗狗，尤其是那些喜欢拖拽游戏的狗狗，这种软硬适中的材料还有助于狗狗牙齿健康。

　　由毛绒制作而成的可爱玩具，一般质量都比较轻，比较适合那种喜欢拖着玩具走的狗狗，而不适合喜欢撕咬的狗狗。

看看狗狗对玩具的反应

　　选定了一个玩具之后，应首先看看狗狗对玩具的反应。如果狗狗拼命撕咬这个玩具，就说明这个玩具不够结实，容易被撕碎。这些碎片很有可能会卡在狗狗的喉咙里面，导致狗狗窒息。一旦发现有这个征兆，就应当及时拿走玩具，去买一个更加结实而耐用的玩具。

玩具也需要及时更换

　　有些玩具在狗狗很小的时候，可能非常适合，可以帮助狗狗消耗掉一部分精力。可是当狗狗长大之后，这些玩具就会显小，应该被丢弃了。比如狗狗小时候非常喜欢玩的橡皮球，待狗狗长大之后这种玩具很可能被狗狗吞下去，或者卡在喉咙里面。

狗狗
礼仪学堂，
向坏习惯说不

1.随地大小便：
最让主人抓狂的坏习惯

爱狗达人 羊子妈妈

狗狗大名 羊妮

爱宠生活秀

狗狗品种 贵宾犬

狗狗什么都好，长得也怪可爱的，但有一点却不招人喜欢，就是经常不在自己的厕所里面大小便，搞得家里臭气熏天。将它直接关到笼子里，这种方法我也不是没有尝试过，但是一旦把它放出来，它又在家里到处便溺，有的时候还会脚踩到便便上到处走。这种情况下它还直冲我摆尾巴撒娇，可是我心里却怒火冲天。

再要把它关进笼子时，它可怜的小眼神，看了又让人不忍心。怎么别人家的狗狗都会自己上厕所呢？哎呦，随地大小便的狗狗可愁死我了，一想到下班回家后家里的模样，我就很烦躁。到底怎么样才能训练狗狗在固定的地方大小便呢？

今天我学
会上厕所了！

爱宠
大学堂

　　在固定地方大小便是狗狗必须掌握的技能，也是能够有效保证室内卫生的养狗方式。此项训练要反复进行，才能最终成为狗狗的日常习性，所以主人要有耐心。

训练必知狗狗习性

　　狗狗的天性是不在自己吃饭和睡觉的地方排泄，也就是说不要将排泄区设置在窝以及食物附近，一旦确定下来就不要更改。平时要留意狗狗的排泄时间，通常狗狗会在早晨睡醒后、吃饭后排泄。也可以通过狗狗排泄前的动作来观察，如狗狗小便会先闻一闻地面之后往下蹲，而大便则是在地面上转着闻几圈之后排泄。

训练狗狗在规定的地方大小便

　　缩小范围。也就是说你想让狗狗在哪里方便，就把狗狗缩小在那个片区，如厕所或者阳台。如果训练是在厕所里面，要在活动的范围内铺满报纸，要是狗狗尿在报纸上面了，一定要夸奖它："宝贝，做得不错！"在狗狗刚尿完后奖励效果最好，事后要不断地指着报纸让狗狗闻一下。

　　接着逐渐减小报纸的铺设范围，但是不论怎么更换，一定要在某一张报纸上留有狗狗的尿印，只要狗狗在报纸上排泄就大力地奖励它。

　　在后期的训练中，如果狗狗可以在报纸上大小便了，就要逐渐减少报纸的用量，同时增加狗狗的活动面积。

反复训练，直至成功

　　通常来说，只要经过主人几次反复、耐心训练，狗狗就会理解主人的意思了。一旦理解，狗狗以后大小便的时候就会直接去厕所，形成良好的如厕习惯。即便是那些相对来说不听话的狗狗，只要主人在一周内反复进行以上训练，也可以成功，这个好习惯也就慢慢养成了。需要注意的是，有时候到了狗狗的发情期，会再次出现狗狗随地大小便的情况，这时主人不必心急，这并不代表之前的训练失败，主人只要及时纠正就行了。

爱狗达人 乐婷

狗狗大名 天天

狗狗品种 阿拉斯加犬

爱宠生活秀

2.喜欢猛扑的狗狗：太热情不是你的错

相信多数的主人都非常喜欢狗狗猛扑到自己怀里的情形，可我不一样，因为我们家的天天是一只大型的阿拉斯加犬。它的跳跃能力还不错，要是回家进门碰到它跳起来，差点就能够着我的眼睛了，加上两个肉肉的大爪子，印得我衣服上到处都是灰尘，要是我手上刚好拿了东西，准会撒上一地。

如果有朋友到家里来，它也会对每一个到家里来的朋友做同样的事情，无论别人是站着还是坐着，有时还会用舌头舔别人，不用说，客人们的表情都挺尴尬的。而我面对这副情景更是坐立不安，更无法到厨房准备饭菜招待朋友了。

出去遛弯的时候也是这样，从旁边走过任何一个人，它都会跃跃欲试地想要扑过去，要不是我及时用牵引绳拉住，它早就扑上去了。

这种猛扑的方式，对于狗狗来说就是表现自己情绪最有力的沟通手段，没有什么能够比这些肢体信号更清晰明确了，而这些就是狗狗用来表现自己头领地位的表征。同样的，如果主人可以应用相应的招数，就能有效地打断狗狗的这种行为。

狗狗跳起即退步

狗狗对主人的热情，如果一直收到主人反馈，那么在这种"鼓励"之下，狗狗当然也会越来越热情。所以，当狗狗在你面前做出要跳起的姿势时，最好及时后退一步，然后从狗狗的旁边走开。如果空间有点小，可以用手将狗狗挡住，再将其轻轻推开。

需注意的是，在这种情况下必须确保不要跟狗狗有任何的眼神交流，否则就会表示臣服于狗狗的领导地位。

狗狗跟随也不理

对执着的狗狗来说，主人面对它的热情"退步"，不一定会让狗狗轻易放弃。发生上述情况的转变之后，狗狗一定会变换方向，直接再把脸对着主人。这个时候，主人最好不要有所反应，可以一直自顾自地做自己的事情，比如换衣服、脱鞋、喝水等。一定不要回应狗狗的任何扑跳，否则就是对狗狗行为的直接认可，会让狗狗"变本加厉"。

主人坚持不理

主人继续做自己的事情，狗狗一定会挡在前面，还会进行不同的扑跳。狗狗坚持一段时间之后，发现自己的行为没有引起丝毫的关注，就会思考并改变其策略，比如在房间的一角对着主人大喊大叫，或者跟着主人什么也不做。这种狗狗自己扭转行为的方式是训练成功的标志之一，但还是不能松懈。

伴随着主人不理的态势，狗狗的行为会逐渐减弱，直到最后放弃任何形式的跳跃。它也会思考为什么主人会这么对待自己，并且纠正自己的行为。这样坚持一段时间后，狗狗就会变得沉稳起来。

3.乱咬东西的狗狗：让主人好头疼

爱狗达人 董琴

狗狗大名 菠萝

狗狗品种 贵宾犬

爱宠生活秀

我们家的菠萝天生喜欢咬东西，整天都不闲住。别的狗狗都是换牙期咬咬也就完了，它是从睁开眼睛到闭上眼睛嘴巴都不停，一会儿咬娃娃，一会儿咬我的拖鞋，还咬我正准备洗的裤子。如果家里有什么新买的玩意，基本上只要被它看见，就会好奇地上去啃两口。

要是我去阻止它，它就会死命地嚎叫，让我不知道该怎么办才好。如果我把拖鞋拿起来，做样子要打它，它也会吓得躲到板凳底下去，可是事后它还是老样子，一点记性都不长。现在它还未完全成年，以后再长大一点可怎么是好啊！

通常这种情况只会发生在未成年的狗狗身上，都是狗狗在换牙或精力旺盛的表现，有时会乱咬玩具、家具、衣服等，有些甚至还会打翻厨房的热水瓶。其实采取一些适当的训练和活动，就能有效防止狗狗乱咬东西。

及时制止

平时在家中一旦发现狗狗乱咬东西，就要及时制止，如大声训斥说"不行"。如果狗狗没有反应，仍然继续，就要做出打屁股的动作，或者将报纸卷成纸筒，打狗狗的嘴部，发现一次就制止一次。

限制玩耍空间

有些养狗的朋友觉得狗狗独自在家很可怜，所以会把各个房间的门都打开，觉得这样可以让狗狗拥有最大的活动范围，减少对狗狗的束缚。但是实际上，这种想法未必是正确的。对狗狗来说，安全感非常重要，最好在家中给狗狗划出一个相应有限的地盘来让它活动，比如客厅、阳台、餐厅等地，而这时卧室、厨房等处就应该关上门，既能避免狗狗随意闯入、乱咬东西，也能防止发生事故。

购买磨牙棒

如果狗狗正处于换牙期，主人可以相应地购买一些磨牙棒、牛皮做的假骨头、橡胶皮球等物品，来缓解狗狗的牙痒痒。

增加户外活动量

狗狗过于旺盛的精力，可能是因为缺乏运动而导致的。每天保证有一定的户外活动量，这样可以发泄狗狗多余的精力，也能转移它的一部分注意力，防止对家造成破坏。

关爱自己的狗狗

狗狗爱咬东西，有时也会是因为主人没有时间陪伴而造成，当狗狗的情绪无法排解的时候，就会因脾气变得暴躁而乱咬东西。这时主人应适当增加陪伴狗狗的时间，比如一边看电视一边抚摸狗狗，从喂食、洗澡、梳毛等事情中，增加人与狗狗的感情，消除狗狗的不良情绪。

爱狗达人　乐乐

狗狗大名　布丁

4.休息时间，如何让它学会安静

狗狗品种　吉娃娃

爱宠
生活秀 ♪

　　布丁的"型号"非常迷你，可是一旦它叫起来，你很难想象它那小小的身体怎么能蕴含那么大的肺活量。之前它刚到家的时候，喜欢叫还可以理解，总归是到了陌生的环境一时无法适应。但是现在都过去了好几个月，到了晚上它还是喜欢吵吵嚷嚷，持续时间也很长，并且次数也多，害得家里人都睡不好觉。

　　本来妈妈就不赞成我养狗，但是因为看它模样可爱，于是当时将它留了下来，可现在这个表现让大家都特别头疼，我很担心狗狗要被妈妈送走。怎么办才好呢？

其实叫喊是狗的天性使然，有时候是因为狗狗刚刚到家时情绪紧张所致，这时候只要能够离主人近一些，狗狗就会安定下来而停止叫喊。但是如果狗狗成年了却仍然喜欢叫喊，主人就必须采取一定的措施了。

多多运动

充足的运动可以释放狗狗的精力，在户外玩耍和适当运动之后，狗狗到了休息的时间，就会变得安安分分，不会再浪费时间去嚎叫了。

放置玩具

晚上睡眠时间很长，一般狗狗都会比主人更早一些醒，而无所事事的狗狗在无聊的情况下，又会嚎叫起来，这种喊叫包含的意义当然就是希望主人能够陪自己玩耍。

如果主人想杜绝这种情况，最好能够在狗窝的附近放上一些狗狗最喜欢玩的玩具，并且把自己的味道留在上面，这样在主人还想休息的时候，狗狗可以玩玩这些玩具，打发一下时间。

偶尔给予回应

如果狗狗在深夜的休息时间叫喊，肯定是门外有什么动静，或者发现了什么，想将某种信息传送给主人，如果主人能够适度回应，如打开门查看一下，然后安慰一下狗狗："刚刚干得不错，不过没什么，快点休息吧！"狗狗自然就会停止喊叫。

奖励法

如果在休息的时间，狗狗就是不肯闭嘴，主人可以用严厉的口气训斥它"闭嘴，给我安静下来"，并且不理它，不对它表示任何回应。当狗狗不再吠叫的时候，主人不妨给予狗狗一些零食，用来表示鼓励。使用这样的方法可以让狗狗知道，听主人的话，或者在休息的时候保持安静，更能得到主人的欢心。

回避狗狗的叫喊

对于有些特别喜欢嚎叫，或者有点神经质的狗狗来说，主人一旦回应恐怕更会来劲，就好像找到一个听众一样，喋喋不休地叫喊。对于这种狗狗，主人不妨转身离开，或者不予理会，这种情况下狗狗都会识相地闭嘴。

爱狗达人 莉莉

狗狗大名 豆豆

5.客厅沙发的攻防拉锯战

爱宠生活秀

狗狗品种 可卡犬

豆豆小时候还上不了沙发，但是现在长大了，能够跳上跳下了，知道了沙发的好处，不仅喜欢在沙发上睡觉，而且在无聊的时候也会拿沙发当玩具，不知不觉之中，我们家的沙发已经是伤痕累累。

我很烦恼，甚至因为这事而"惩罚"过豆豆。平时也会看管着不让它上沙发，但只要我上班走之前跟它道别，还没关上门，它就兴高采烈地跳到沙发上，蠢蠢欲动准备开始磨爪。唉，我真为沙发感到心疼，怎么才能让豆豆不再"欺负"沙发呢？

沙发柔软的材质使得狗狗非常喜欢睡在上面，偶尔在小爪痒痒的时候，还喜欢刨上两下，但凡家里有沙发的都是伤痕累累。这些跟狗狗磨爪的天性有关，但是为了让人和狗狗更加和谐地在家中生活，主人们可以通过一些措施改掉狗狗刨沙发的坏习惯。

定期修剪狗狗指甲

狗狗喜欢刨沙发是为了磨爪，定期修剪指甲可以减少狗狗对家具的破坏，对沙发的伤害也就能减到最小。

提前准备磨爪板

磨爪是狗狗的天性，既然不让狗狗刨沙发，相应地也要给狗狗一个自己磨爪的地方，这点非常重要。如以麻绳或者木头等天然材质构成的磨爪板，在室内某处垂直固定好，然后训练狗狗去那里磨爪，在必要的时候可以使用零食等小东西引诱狗狗前去磨爪。

准备一把水枪

狗狗非常惧怕突如其来的袭击，如果可以提前准备一把水枪，在狗狗准备抓沙发的时候对着它喷一喷，狗狗一定会夹着尾巴逃走。这种方法多使用几次，狗狗就会形成一种条件反射：去那里磨爪，就会被突然袭击。这样长期下来，狗狗自然就会放弃沙发了。

而水枪的喷射并不会对狗狗造成什么伤害，但是在喷射的过程中也需要注意，不要把水喷到狗狗的耳朵里去。

在沙发上涂一点柠檬水

狗狗都不大喜欢柠檬水的味道，可在沙发上或者狗狗喜欢磨爪的地方涂抹一点柠檬水。如果狗狗再想去磨爪子，闻到这些味道一定会避开。同样的，花露水、风油精、橘子皮的香味狗狗也不大喜欢。

爱狗达人 珠珠　狗狗大名 拉拉

6.垃圾桶保卫战：让狗狗远离恶习

狗狗品种 苏格兰牧羊犬

爱宠生活秀

　　我实在不明白，垃圾桶里到底有什么东西吸引了拉拉？每次回到家里后都是满地垃圾，一片狼藉，把我气得半死，真怀疑这家伙上辈子是洪七公的门下弟子。

　　每次碰到这样的情况，我都马上把它揍一顿，可它完全不长记性，现在垃圾桶都改放到台面上了，可是它还老惦记着，总是跃跃欲试地想跳上来看看。我实在非常不理解。偶尔将垃圾桶放到地面上，它就迫不急待地要去看看，喂狗粮的时候都没见它如此雀跃过。有时候它还直接睡到垃圾桶旁边，我都想给它换名字，直接叫"丐帮狗狗"好了。

待到主人上班之后，很多"留守在家"的狗狗都会觉得百无聊赖，想要自娱自乐，翻垃圾桶就是一大乐趣，把垃圾桶里面的垃圾一样样翻出来，然后丢得家里到处都是。对狗狗来说这事再寻常不过，可主人却颇为头疼。

垃圾桶对狗狗的吸引力

一般在垃圾桶里面有着各种吃剩的食物，狗狗有着灵敏的嗅觉，闻到食物的香味之后，就会表现出寻食的本能，从而沿着香味而找到厨房的垃圾桶并在里面翻找食物。加上独自在家的狗狗，有时候寂寞孤独难以排解就会养成破坏东西的坏习惯，而这时垃圾桶就是一个很好的发泄目标。

及时清理垃圾桶

为了防止这种情况的发生，主人应当及时清理垃圾桶，避免细菌在环境中滋生，最好将食物丢到狗狗够不着的地方，或者门外，这是杜绝狗狗翻垃圾桶最有效的方式。同时，一旦发现狗狗的这种行为一定要马上用严厉的口气制止，对于停止动作的狗狗应当给予奖励。

充足的狗粮

翻垃圾桶的行为也在一定程度上说明了狗狗的求食欲，因此，日常生活中主人应当及时保证狗狗基本的口粮需要，并且偶尔也需要用狗粮零食来丰富狗狗的营养需要。

多关心狗狗

主人在闲暇的时候，应当尽量多抽出一点时间来关心狗狗的生活，与它玩耍。必须知道，你是狗狗生命中唯一的依赖，所以平时要多给狗狗梳理毛发，陪狗狗出去散步、游戏，为狗狗准备玩具和咬胶等，让狗狗感受到你对它的关爱。那么自然而然地，狗狗也会将注意力转移到你的身上，对于垃圾桶也不再那么感兴趣了。

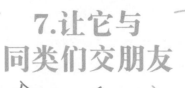

7.让它与同类们交朋友

爱狗达人
佳佳

狗狗大名
Nono

狗狗品种
金毛犬

爱宠
生活秀

我家Nono很少出门，虽然它现在已经成年了，可下楼的次数不超过10次。每次我带它到外面"见世面"，它都是一副胆小怕事的模样，每次碰到有人和车经过，它就吓得两腿直抖，站都站不稳。

为了帮助Nono克服胆小的毛病，我给它报名参加了宠物聚会，可Nono估计从没见过这么多的狗朋友，虽然个子大，可一看到有狗狗靠近它，就吓得直往我怀里缩，简直是有"社交恐惧症"！这就是从小不出门跟同类接触的结果。看到人家的狗狗跟同类玩得好开心的样子，我这个当主人的实在好生羡慕，可是看我家大个子的Nono那忧郁不定的小眼神，我都不知道该怎样才能让它变大方一点儿。

狗在自然界中是群居的动物，天生喜欢交朋友。但由于长时间以来受到人类的驯化，许多狗狗跟主人在一起生活，慢慢地忽略了对同类朋友的需求，不少狗狗甚至失去了交朋友的能力，不懂得社交礼仪，结交不到朋友对狗狗的成长来说也非常不利。狗狗要交到同类好友，究竟该如何做呢？

先学会跟人交往

很多在公寓长大的狗狗都没有跟主人以外的人接触过，一旦碰到陌生人或陌生狗狗，哪怕对方心存善意，都会吓得不知所措，夹着尾巴逃开；或者就是呲牙咧嘴、大声喊叫做出威胁的态势。

如果能在6月龄以前加以疏导，狗狗就不会出现以上的反应，因为狗狗的攻击意识一般是在6月龄之后产生的，之前的这个阶段让狗狗适应与陌生人见面，并让人抚摸，狗狗会显得更好客一些。而错过了这个阶段，主人就要学会适度接触，在狗狗对陌生人的"玩弄"表现出不耐烦的情形，要及时牵开狗狗，并辅以安慰和鼓励。多适应几次，狗狗就会慢慢接受了。

跟同类交往

狗狗与同类交朋友的过程，其实也是一个充满危险性的过程，因为会受到一些同类的欺负，这时主人就要相应地采取某些措施。

可以为狗狗找一只年龄相仿的狗狗一起玩，同年龄段的狗狗在一起玩比较安全，即便发生小啃咬，也都不会超过一定的安全尺度，这样也比较容易建立起朋友关系。此外，在有条件的情况下，可以单独让狗狗与狗群中的"大哥"玩耍一番，有个"大哥"之类的狗狗帮助，之后不仅不会受到其他狗狗欺负，而且还能交到更多朋友。

公寓爱狗 TIPS

有些主人会担心，让自己的狗狗与"大哥"交朋友会吃亏。其实狗狗的世界中也会有等级的区别，一般有地位的狗狗都不会欺负小狗或者"新人"。当然，这个"大哥"的品种要排除比特、波尔多、加纳利等天生好斗的犬种。

爱狗达人　艾丽

狗狗大名　奇奇

8.让它与其他小动物和平相处

狗狗品种　哈士奇

爱宠生活秀

　　想到每天上班时奇奇依依不舍地看着我，我就觉得心里挺难受的，总想为它再找个小伙伴。可是再养一只哈士奇吧，负担又太重。几经选择之后，我抱回了一只小猫咪。

　　奇奇看到猫猫，刚开始还对它挺怜爱的，有点像大哥哥的味道，猫猫也挺喜欢这个大个子的伙伴，还放肆地在它身上睡觉，我还挺放心的。可是过了不久，问题就来了，奇奇总是喜欢追着猫跑，虽然不见得能追上，但却玩得不亦乐乎。两个飞奔的小家伙，把家里的杯子、小镜子碰碎了不少，这可让我烦心极了。

爱宠大学堂

狗狗是非常有领地意识的动物，如果家里来了别的小动物，主人不仅要介绍给狗狗认识，还要让狗狗懂得跟这些小动物保持相应的安全距离，这样狗狗跟家里其他的小动物相处起来就比较和谐融洽。

狗狗与猫

刚开始介绍狗狗跟猫认识的时候，要先用链子拴住狗，如果猫试探性地闻狗的气味，不要阻止，同时不要让狗的力量压倒猫。如果狗狗主动接近猫，最好立即收紧狗链。当狗狗跟猫熟悉之后，就会非常享受跟猫猫的追逐赛跑游戏，主人在家中最好给猫猫安排一个逃跑的小门，或者将猫猫的食物放在高处。一般聪明的猫猫知道自己在家中有退路之后，跟狗狗相处起来就会变得很从容，懂得忍让对方。

狗狗与乌龟

除了把乌龟养在专用的水缸里面，还应加个网盖，或者直接放到狗狗触碰不到的高处。否则，充满好奇心的狗狗很可能会喝缸子里面的水，或者用爪子抓乌龟玩。如果小乌龟被惹急了，说不定会死咬住狗狗的鼻子不放。

狗狗与兔子

如果家中有兔子，最好圈养或者放到笼子里面，因为兔子杂食性比较强，一旦散养，很可能会去吃狗狗的口粮，这时护食的狗狗就可能会伤害到兔子。加上兔子成年之后喜欢在角落小便，这种行为就跟"圈地"的意味一样，而在兔子的这种状态下，狗狗说不定也会"跟风"。因此，在家中养兔子一定要圈养。

狗狗与仓鼠、龙猫

这类动物非常胆小，如果家中有狗狗，就必须把它们养在坚固的笼子里，同时还要适当地遮挡，以免它们被狗狗骚扰而吓个半死。

爱狗达人 天乐

狗狗大名 罗利

狗狗品种 萨摩耶

9.让它与蟑螂鼠蚁保持距离

爱宠 生活秀

也不知道从什么时候起，家里的厨房里开始有了蟑螂，这简直是我最讨厌的虫子了，每次看到蟑螂我都吓得哇哇大叫。蟑螂虽然很可恶，但罗利干的事情却让我更加不知所措。

昨天，我半夜起身到厨房喝水，开灯一看，在墙角居然有只蟑螂，我吓得大叫，然后赶紧闪开，罗利跑过来看到了，一爪子打过去，蟑螂立刻命丧在它的"铁砂掌"之下。我松了一口气，正想赞赏罗利"护主有功"呢，没想到它居然把蟑螂吃了下去，还高兴地跑到我面前舔了一下我的手，我恶心得打了一下哆嗦，心里又有点儿着急：蟑螂这么脏的生物，狗狗吃下去该不会闹肚子吧？

抓蟑螂算什么，小case啦。

很多人家中都会出现狗狗抓蟑螂的情形，如果狗狗有吃蟑螂的习惯，主人一定要严加制止。带狗狗外出的时候，狗狗也可能与老鼠、蚂蚁等接触，主人要相应提前采取一些措施。

保持公寓的环境卫生

蟑螂是会动的生物，狗狗难免会产生兴趣，但因为蟑螂携带大量病菌，还是少让狗狗接触的好。这就要求主人做好家里的室内卫生，尤其是厨房。未食用完毕的食物，要及时冷藏或者丢弃，水槽里的残渣要马上清理干净，尽量不让蟑螂有食物可吃。

当主人发现狗狗有吃蟑螂行为的时候，可以立即将报纸卷起来，轻轻打它的嘴巴，这样对狗狗不会造成实质性的伤害，但是又具有威慑力，能给狗狗留下深刻印象。如果家里的蟑螂实在太多了，可以把狗狗关到别处，用蟑螂药熏一下厨房。

除蟑灭蚁时小心伤害狗狗

很多人都知道，大多数杀虫剂都是具有毒性的，不仅会对人体造成伤害，而且对狗狗的健康同样不利。尤其狗狗身处的高度比人类低，平时接触地面、角落的频率比人类高得多，一旦在家中洒下杀虫剂，狗狗中毒的可能性也比主人大，不仅影响健康，甚至还可能发生性命危险。所以在家中除蟑灭蚁的时候，最好使用一些无毒或毒性小的杀虫剂，比如柠檬、肥皂水、苏打等。如果不得已需要使用一些除虫饵剂，这些饵剂往往具有较大毒性，那么在这期间最好将狗狗转移，不要给狗狗碰触这些饵剂的机会。

我的狗爪
也能灭虫……

养狗家庭除蟑灭虫小方法

（1）橘子、柠檬皮防蟑法：将橘子、柠檬的皮晒干或烤干后，放在各类橱柜中，不仅有香味剂的作用，还能起到一定的防蟑效果。

（2）面粉香油法：将少许硼砂与面粉混合，然后滴入几滴香油，用手揉成团。用纸卷成筒状，再将做好的药团置于纸筒中。

（3）洗衣粉杀虫法：洗衣粉是一种高效的诱杀蟑螂的药剂，其作用甚至胜过一些化学杀虫剂。做法是将洗衣粉撒在虫子可能出没之处，它吃掉洗衣粉后就会死去。

（4）硼砂面粉法：取硼砂、面粉各一份，糖少许，调匀做成米粒大小的丸子，撒在蟑螂出没处，吃后即被毒死。

（5）热肥皂水杀蟑法：取一块肥皂加入4升的热水中，溶解后直接喷在蟑螂身上，可有效杀灭蟑螂。

（6）苏打除蟑法：糖和苏打粉各半混合，置于蟑螂出没地，3~14天后，蟑螂就会消失不见。据说这也是美国人最常用的防蟑秘方。

（7）硼酸拖地防蟑法：用热水溶解适量硼酸后，用拖把或抹布擦拭地板，干燥之后，白色硼酸结晶会渗入地板缝隙，可防蟑螂、蚂蚁等。

需要注意的是，蟑螂是杂食性昆虫，它耐饥不耐渴。所以在家中灭蟑螂时要封锁水源，将水龙头关死，擦干水迹，否则即使蟑螂一时销声匿迹，很可能还会卷土重来。

定期为狗狗接种疫苗

应该每年为狗狗接种疫苗，以及吃驱虫药。要知道狗狗在家里的行为还可以控制，一旦放出去遛弯或是自由活动，难免会招惹到昆虫、老鼠，提前注射了疫苗和驱虫药，狗狗在外活动时会相对比较有保障。

如果狗狗在外追逐老鼠或者昆虫，主人要大声训斥，还要收紧牵引绳制止。如果狗狗出现不再向前的态势，就要及时鼓励，这样反复几次，狗狗就不会再在外面扑那些讨厌的鼠蚁。

公寓爱狗 TIPS

有些主人看见狗狗抓蟑螂会大惊失色，看见狗狗抓老鼠却并不在意，甚至觉得"狗拿耗子"是一件有趣的事。其实老鼠同样带有无数的细菌，会威胁狗狗健康，主人应该及时制止。

第三章

提升幸福指数，
狗狗公寓生活进阶

洞察狗狗的内心世界

1.留守狗狗的寂寞与忧郁

爱狗达人

胡琳

狗狗大名

毛毛

爱宠生活秀

狗狗品种

金毛犬

因为工作繁忙，我每天都很晚才下班，只可怜了我们家毛毛，每次也只能饿着肚子等我回家。这天下班很早，我高高兴兴地买了它最爱吃的狗饼干，想象着它迎接我的样子。

可事情却并不如我所料，当我开门回家，毛毛并没像我期待的那样欢喜地迎上来，反而默默地趴在客厅的角落里，看都不看我一眼。我把狗饼干拿到它面前晃，它也不肯抬头看一

下。想着好几天都没好好陪过它，可能狗狗太寂寞，对我有点失望了。

爱宠大学堂

寂寞和忧郁并不是人类独有的情绪，如果对狗狗关怀不够，狗狗也可能会得"忧郁症"。尤其在高楼大厦中，狗狗身处封闭的空间，一旦主人离开，就没有其他与外界交流的机会，更容易产生孤独感。

狗狗寂寞忧郁的表现

狗狗舔脚是最明显的忧郁表现，而且舔脚对身体健康有百害而无一利，脚部不仅有很多灰尘细菌，长期舔脚还会引发皮炎、脱毛等问题，发生这种情况就要严厉制止。同时，忧郁的狗狗还会出现食欲减退、对主人不理不睬的迹象。

如何消除狗狗的寂寞与忧郁

（1）在家的时候多陪伴狗狗。在家时千万别只顾着忙自己的事情，一定要意识到家中还有个小伙伴在等着你的安抚。帮狗狗梳理毛发、挠痒痒，都是很好的交流方式。此外，每天最好遛狗两次，能让狗狗更开心。

（2）多准备狗狗喜欢的玩具。如果白天确实无法留人在家，那么一定要给狗狗安排足够的娱乐活动，有些玩具往往能让狗狗"痴迷"一整天。

（3）给家中制造一点声音。留狗狗独自在家前，主人可以利用电视或音响的定时功能，上午和下午各开一个小时，放点人声或音乐，或把自己的声音录下来放给狗狗听，这样狗狗会很有安全感。

（4）避免密闭的空间。尽量不要把狗狗关在一个房间，尤其不要把它锁在厕所中、笼子里或用链子拴起来。在小空间中或不自由状态下，狗狗的脾气和性格都会变得很糟糕。

爱狗达人
肯迪

狗狗大名
欢欢

狗狗品种
苏格兰牧羊犬

爱宠
生活秀

2.无限恐怖:
高分贝的城市噪声

欢欢是一只非常漂亮的苏格兰牧羊犬,看上去英俊帅气,性格也机灵得不得了。可它也有个毛病,那就是老爱跟声音较劲。我家所处的这栋楼正好对着大马路,平时的汽车鸣笛声、摩托车发动的声音,都会让欢欢反应过度。

欢欢的性格本来很温驯,可只要听到这类声音,立刻就会狂躁起来,狂叫不止。每次我都会过去安慰它、抚摸它,可每次都得花上好长时间,它才肯平静下来。如今狗狗都1岁了,这老毛病还是改不了。

爱宠
大学堂

　　狗狗是一种对声音非常敏感的动物，而现代城市中有着各种各样的噪声，狗狗难免会产生不适应的感觉。其实，狗狗对声音的过激反应很大程度上是因为缺乏安全感造成的。主人要帮助狗狗习惯这些声音，同时还要给予狗狗足够的依靠与抚慰。

安全的小窝

　　家是最温馨的地方，能给人以安全感和宁静，对狗狗来说也是一样。所以，在家中给狗狗安置一个温馨的小窝，再放上狗狗喜欢的玩具，还要有条厚厚的毛毯，这样狗狗在受到声音的惊吓时，温暖的毛毯能给它安全感，就不会因为害怕而狂叫了。

陪伴狗狗

　　如果狗狗听到外面高分贝的声音，慌慌张张地奔跑到你的身边，像撒娇一样要求你的爱抚，你可千万不要推开狗狗。要知道，这时候如果主人能轻柔地抚摸一下狗狗，让它依偎着你，就会让它顿时觉得安心不少，不仅能让狗狗的情绪更加稳定，而且还能增进主人与狗狗之间的感情。如果狗狗并没有请求爱抚的举动，而是大声地喊叫，主人也不要进行责骂，最好是在旁边陪伴着，跟狗狗讲话，消除它的不安感。

提前训练

　　未雨绸缪，在狗狗受到惊吓之前，就有意识地训练狗狗对声音的习惯，就能避免狗狗被噪声所困扰。主人可以制造各种声音，然后由远及近地训练狗狗，在后期还可以尽量将声音的种类多样化，比如将距离调得近一些，同时加上抚摸和"好"的口令，并奖励狗狗爱吃的零食，来分散狗狗的注意力，逐步消除声音给它们带来的不适应感。需要注意的是，在训练的时候，主人绝对不要以突然发声的形式发出声响，以免狗狗对主人产生不信任的感觉，从而对训练产生反感心理。

3.居家狗狗，也会患上恐高症

爱狗达人

Sandy

狗狗大名

小白

狗狗品种

雪纳瑞

爱宠生活秀

小白已经5个半月了，按说也到了快成年的年纪，胆子却特别小。每次我把它放在凳子上，它就畏畏缩缩地不敢动了；即便是跟它身高差不多的沙发，它也不敢跳上去，被人抱上去了，也不敢跳下来；更别说阳台了，我家住在31楼，小白从来不肯往阳台上去，更不敢往栏杆下方看一眼。

今天出门遛狗，我牵着小白下楼梯，才两三步的槛它都不敢走，拉了好几次牵引绳它才很小心地跳下来。唉，听说雪纳瑞是很活泼的狗狗，在家里能上串下跳的，我们家的这位怎么是个"大家闺秀"呢？

古人云，
高处不胜寒。

其实恐高是狗狗的天性，这是狗狗一种自我保护的本能。如果狗狗有恐高的反应，其实没有必要刻意训练让其克服，只要让狗狗适应这个高度即可。一旦狗狗完全克服了恐高，出门的危险系数就会大大增加。比如原本遛狗的时候遇到小土坡，狗狗还会产生迟疑感，而现在可能会不假思索地跳下来，从而造成伤害。

顺其自然

就像有些人有恐高症一样，一些狗狗也会对某些高度产生不能适应的感觉，特别是月龄在5个月以下的狗狗，它们会害怕去较高的地方，如果此时主人把狗狗放在特别高的地方，或者玩抛起再接住的游戏，都会导致狗狗对高度产生恐惧心理。

因此在狗狗的成长中，不要刻意让狗狗适应高度，最好让狗狗自己去探索，让它试探性地去感受一些高度，如爬小凳子、小置物架等，慢慢地，狗狗对高度也不会那么惧怕了。

转移注意力

对于有些恐高的狗狗而言，可能一到高处就吓得大气都不敢出，甚至双腿发抖。这时主人如果强硬地拉牵引绳，或者把狗狗独自关在阳台让狗狗适应，其实都是不对的，还可能会起到相反的效果，给狗狗带来心理阴影。不妨试着转移狗狗的注意力，如下楼梯的时候，在前面放置狗狗喜欢的零食，引诱狗狗自然下楼；在家里的沙发上放置狗狗喜欢的玩具，让狗狗不再畏惧高度，慢慢建立起对环境高度的适应感。

实际上，"恐高"未必是一种缺点，狗狗对高度的恐惧有时也是出于对安全的需求，表现了它们谨慎小心的态度。所以，如果狗狗的恐高心理确实无法消除，主人也不必为此过多烦恼，顺其自然吧。

4.狗狗的幽闭恐惧症 与广场恐惧症

爱狗达人 盈盈

狗狗大名 乐乐

狗狗品种 柯基犬

爱宠生活秀

主人，快停下等等我！

反省。乐乐刚被关进卫生间，就传出了凄厉的叫声，叫得我顿时生出一阵罪恶感，于是赶紧把它给放了出来。看见它可怜兮兮的小眼神，我的心也软了。

如今半年多过去了，乐乐越来越成熟，早已经学会了在固定地点大小便。而我也从新手变成了经验丰富的"狗妈"，也从"狗友"们那里知道了长期"关禁闭"对狗狗的心理伤害，所以我在心里对自己下了保证：再也不会把乐乐关进小黑屋了。

乐乐刚来我家时还没成年，也不懂得上厕所，于是在家中留下了不少臭臭的印记，真是怒煞我也。当时我还是个新手"狗妈"，对付这类事件没有一点儿经验，一怒之下就把乐乐关进了黑咕隆咚的卫生间，想让它反省

爱宠
大学堂

狗狗的健康成长需要灌注主人颇多的心血，即便是这样，有些狗狗还是会对某些特定的场所感到不适应，比如狭小黑暗的空间，或者空旷的广场等。

幽闭恐惧症

症状：当狗狗身处比较密闭的空间时，往往会害怕地"呜呜"叫，严重时还会大小便失禁。所以应避免让狗狗长时间处在狭小黑暗的空间中，否则会对它们造成心理伤害。但如果狗狗对于较大的封闭空间也感到害怕，就需要进行训练来加以缓解。

缓解疗法：对于有这种症状的狗狗，主人要帮其建立起信心来，这种信心感主要来源于环境，一般在有主人在场的情况下，狗狗不会有此症状。而在主人上班时，可以放置狗狗喜欢的各种玩具，在狗狗的窝内放一两件主人的旧衣服，留下主人的气息。还可以通过录音或者电视，定时播放狗狗与主人互动的画面和声音，逐渐消除狗狗对环境的恐惧感。

广场恐惧症

症状：这种病症是焦虑症的一种，狗狗在比较大的公共场合或者开阔的地方停留时，会产生极度恐惧感，行动上只会想逃离这种地方，停留只会产生紧张和害怕的感觉。

缓解疗法：相信主人们都会记得第一次带狗狗下楼时，狗狗害怕地靠近地面、一动不动的情形。没错，在公寓长大的狗狗就是这样，如果主人不经常遛狗，很多狗狗对外界接触非常少，直接带狗狗进入比较大的广场或者人群集散地，狗狗就会感到害怕，而要缓解狗狗这种情况，只能让狗狗逐步适应。

比如在初期，有针对性地带狗狗在小区活动，然后移至街心公园，再带到大一点的广场，逐步扩大范围，会给予狗狗一个心理建设的空间，这样到了大型的广场，狗狗的惧怕感就会明显减弱。

5.别让"好奇心害死狗"

爱狗达人 刘鑫

狗狗大名 yoyo

狗狗品种 哈士奇

爱宠生活秀

都说哈士奇最调皮了，可看到它俊美的外形、精致的五官，还有充满异域风情的蓝眼睛后，我还是毫不犹豫地选择了它。这个调皮的小家伙不仅运动力惊人，还有着非常强烈的好奇心，有时候一把扫帚就可以玩好半天，如果发现家里有新的东西，它就会非常感兴趣地盯着看，然后找准机会将其"蹂躏"一番。

这天我下楼去买早餐，一回来就闻到家里有一股类似臭鸡蛋的味道，我顿时觉得大事不妙，急忙把天然气总阀关上。之前它就一直对厨房的这根橡胶管子感兴趣，这次趁我出门没带上厨房门，居然把管子咬破洞了，要是我回来晚一点，它可要闯下大祸啦！

咦，那是个什么东西？

爱宠大学堂

每个人都有好奇心，狗狗也一样，而且许多狗狗的好奇心甚至比人类更加强烈。一般成年的狗狗在好奇心方面会表现得比较收敛，但如果是幼年狗狗，或者一些性情比较调皮的品种，就需要主人耐心约束它们的好奇心了。

带领狗狗认识环境

狗狗身处公寓之中，无时无刻不被好奇心驱使着，尤其是刚到家不久的狗狗，突然进入到陌生的环境中，在好奇心的驱使下，就会利用自己的嗅觉、听觉、视觉去认识环境，急切盼望着获得一种熟悉感。因此在这个阶段，主人们应该耐心地带领狗狗去认识周围的任何东西，包括让狗狗去闻主人的味道，用爪子试探性地玩弄一些瓶子等，这些都有助于狗狗智力的成长。

及时制止

当环境熟悉得差不多时，狗狗会表现出求知的欲望。在这一阶段，狗狗会利用行动去深刻了解环境中各种东西的妙用。比如水龙头能出水，如果狗狗的喂水器没有水了，狗狗就会站在水龙头边上试探着想让其出水。当然这些举动，有时会让你觉得狗狗很聪明，但同样也会给你带来一些烦恼，比如咬电线、撕卫生纸卷之类。这种情况下，主人就要及时制止，如果狗狗这种行为很多，主人也要不厌其烦地一次次制止，直至狗狗对这件东西完全失去兴趣。

主人可以通过一些物理的方法，减少狗狗对某些危险物体的兴趣，比如在电线上涂抹上风油精，在沙发上喷洒柠檬水等，来有效防止狗狗因为好奇心而"干坏事"。

出门溜达，自由天地小心危险源

1.电梯，暗藏危险的空间

爱宠
生活秀

爱狗达人	狗狗大名
阳子	闹闹

狗狗品种

贵宾犬

我家住在31楼，每天出门都要上下电梯，带着闹闹坐电梯真是件烦心事儿。不仅要时刻注意着不让闹闹大小便、不让它到处乱抓乱碰，还得小心看电梯里其他邻居们的眼色。要知道，我可是遵纪守法的好居民，狗狗也乖得很，从不随意冲撞别人，可即使这样，也免不了会遇上一两位不喜欢狗狗的邻居，对闹闹投来鄙夷的目光，甚至直言不许我上电梯。每当这时候，我只能牵着闹闹灰溜溜地等着下一趟。

这些都还是小事，更让我担心的还是安全问题。去年有次晚上带闹闹下楼去，我还特地给它拴上了绳子，可电梯门快要关上的一瞬间，它突然好奇地向外蹿，绳子另一头还在我手里呢！电梯门的感应器失效，立刻把它给挤伤了。从此，这事就给我落下了一块心病，这电梯对于狗狗来说可真是个危险品啊！

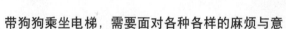

带狗狗乘坐电梯，需要面对各种各样的麻烦与意外，最重要的原因就是狗狗的好奇心。处于封闭狭窄的空间之中，狗狗的好奇心比在任何时候都更加强烈，许多狗狗都有从电梯门缝里钻出去的习惯。如果电梯门感应失灵，狗狗非常容易被挤伤；狗狗如果在电梯门关上之前跑出去，而主人却还留在电梯里，就更有可能造成与主人"失散"，主人找不到狗狗，狗狗也在大楼中徘徊或逃窜，再也找不到回家的路。

抱住狗狗，乘电梯最佳姿势

与狗狗乘坐电梯时，一定要将它抱在怀里。因为高楼养犬者一般饲养的都是中小型犬，抱起狗狗比较方便，这样既能防止狗狗因为好奇探头而被门夹住，又能防止狗狗中途"开溜"，还可以缩小狗狗所处的空间，避免与电梯里其他人碰触、冲撞。如果狗狗属于大中型犬，主人无法抱起，那么也应该缩短牵引绳，将牵引绳在手上绕几圈，并让狗狗面对墙壁坐立，主人站在狗狗外面，形成保护的姿态。

进出电梯门，注意保护狗狗

在进出电梯时，因为电梯门的感应器未必每次都能正常运作，主人也要注意保护好狗狗。与小型狗狗一同进出电梯，一定要将它抱在身上；如果是大型狗狗，只能使用牵引绳，那么最好一人将电梯门把住，而一人将狗狗牵进或者牵出。

意外挤伤，需及时救助处理

如果狗狗已经被电梯门挤伤，也不要心急，要立刻采取适当措施。首先观察狗狗身体，如果伤情严重，需要立即送往宠物医院进行抢救；即使狗狗表面没有明显的严重伤痕，也要抱起狗狗，去医院进行详细检查。因为挤压很可能造成狗狗内部脏器的伤害，出现尿血等症状。如果狗狗身上有淤伤，在经过医院处理之后，也可以进行一些冷敷治疗。

爱狗达人
新新

狗狗大名
开心

2.楼下小区，狗狗的日常游乐场

狗狗品种
边境牧羊犬

爱宠生活秀

因为边境牧羊犬在狗狗中智商最高，于是我就选择了它，还好开心这家伙在家里非常听话，无论什么口令，只需教三遍它就懂我的意思了，养它极其省事。

每天带它下去遛弯是必做的事情。这家伙特别喜欢小孩子，看到小区里的孩子们，它就很高兴地跳来跳去，可它宽大的身躯却并不总是那么受欢迎。那天傍晚，我照例带着开心下去遛弯，有两个小朋友在草地上玩耍，开心高兴地跑过去，大概是因为太兴奋了，竟然跳起老高，吓得两个小朋友哇哇大哭。我赶紧把开心拉回身边，并向小朋友的家长们道歉。开心看到我的举动，似乎也明白自己做错事了，摆出一副沮丧的模样，让我又好气又好笑。

对于喜欢出去玩的狗狗而言，楼下小区几乎是每天都会光临的游乐去处，但这里并不是专属的遛狗区域，往往也是其他小区住户散步、玩耍的公共场所。如果不懂得约束和照顾狗狗，很容易与其他住户发生争执。

避免狗狗扑人

很多狗狗都喜爱跟人类亲近，尤其在遇到小朋友时，会不由自主地对小朋友"亲热一番"。这属于狗狗的正常社交行为，但是在不了解狗狗的人看来，这种猛扑式的亲热就好像是一种攻击行为，胆小者甚至会被吓得高声尖叫。

而更严重的是，一旦人类发出这种讯号，采取预备防卫的姿势，狗狗则可能将其误解为攻击行为，从而因为双方的误会而发生真正的"人狗大战"。因此带狗狗在小区玩耍时，一定要牵上牵引绳，同时要避开儿童、老人、孕妇。

及时制止狗狗的叫声

有些大型犬的叫声会直接惊吓到旁人，如果想要维护良好的邻里关系，及时制止狗狗的叫声非常重要。要是狗狗能马上安静下来，一定要记得夸奖一番，这样它才会洞悉主人的喜好。

注意清理狗狗的粪便

狗狗在小区玩耍的时候，如果有便便的举动，主人一定要事先准备好袋子或者报纸，让狗狗在规定的位置便便，并且及时处理干净，不留痕迹。

让狗狗在安全的地方玩耍

喜欢自由和运动是狗狗的天性，但是如果狗狗因为好奇而跑到小区的危险地段，比如建筑工地上、停车场入口处、围栏附近、垃圾桶附近，都极其不利。所以，一定要让狗狗远离这些地方。

爱狗达人
莉莉

狗狗大名
牛牛

3.与狗狗出行，遛狗是门大学问

爱宠生活秀

狗狗品种
博美犬

牛牛是个精力充沛的家伙，为了防止它在家里搞破坏，每天吃过晚饭之后，我都会牵上牵引绳，带它出去遛一遛。还记得第一次带它出门遛弯的时候，它吓得"两股战战"，贴在地面上动也不敢动，没办法的我只好抱着它往前走，这哪是遛狗，完全是溜自己呀。

如今半年过去了，牛牛对外面的世界也非常熟悉了，出门遛弯时不再是从前那个胆小鬼，而能够非常高兴地享受在外面的自由时光。在人少的地方，我常常会放开牵引绳，让它自己在草地上活动一番；如果人多了，我就沿着护城河去散步，我练习慢跑，它也跟着我锻炼，不知不觉中半小时过去了，我运动够了，狗狗也撒欢够了，然后打道回府洗澡睡觉。

遛狗是每个爱狗人都不能忽视的事。要知道，狗狗的身体健康离不开适当的运动，外出活动不仅可以锻炼狗狗的身体，还能让狗狗感到身心自由、性格开朗。

遛狗的时间

出门遛狗的时间和次数都要非常有规律，坚持做到早晚各一次，早上在7点到8点之间，晚上在8点到9点之间。如果狗狗之前刚刚吃完饭，不宜马上外出活动。而在早上不妨先遛狗再回来喂食，这样狗狗就会胃口大开。一般来说，小型犬的遛狗时间在20分钟内就可以了，中型犬在40分钟左右，而大型犬时间则在60分钟以内。如果间隔一天没有运动，第二天的运动量则要减少。

遛狗的地方

遛狗最好选择在熟悉的场所，如小区内、街心花园、小的广场都是不错的地方。如果是在马路上遛狗，必须有牵引绳，以免发生危险。

如果狗狗比较胆小，主人一定要走慢一点迁就狗狗，到了空旷并且没有危险的地方，再放开让其撒欢；如果狗狗是急性子，或者脾气比较大，则应该尽量避开狗狗聚集的场所遛狗，以免发生打闹。

初次遛狗须知

如果是第一次遛狗，起初狗狗一定会对路边的杂草或者电线杆非常感兴趣，在这一段时间里可以保证较大的自由度，随狗狗高兴。如果一开始就训斥狗狗的行为，狗狗容易出现胆怯的心理，并招致不良的后果。

遛狗必带的四大法宝

首先要带犬证，这是狗狗的身份证，出门必须要带。其次要携带牵引绳，一来可以控制狗狗的走向，二来可以防止狗狗走失。注意牵引绳一定要调牢一点，如果狗狗可以从中挣脱，就可能发生危险事故。此外要携带报纸和塑料袋，当狗狗要便便的时候及时铺上，接着收拾干净。最后还需携带一瓶水，狗狗在外出行的时候，消耗的能量比较大，随时补充水分对它的身体很有好处。

爱狗达人 露露

狗狗大名 凯蒂

狗狗品种 贵宾犬

爱宠生活秀

4.与狗狗互动的健康游戏

凯蒂在家里是个闹腾的"小姑娘"，可是一旦出了门，就变得中规中矩，好像对人类的世界不大适应，有时只敢紧紧地靠着我在街边行走，显得特别"害羞"。

有时候遇到比较空旷的草地，凯蒂也只敢在我周围活动一下，不敢跑远。当然对我这个主人来说，凯蒂胆小的性情反而让我很放心，可有时候我也希望它能玩得更尽兴，能快乐地跑和跳，这样对它的骨骼发育也更有好处。听说训练玩飞碟可以让狗狗变得自信，虽然凯蒂的小身板跳不大高，但我还是想让它试试。于是，我买来了狗狗专用的玩具飞碟，跟凯蒂开始了游戏，小家伙似乎还挺感兴趣呢。

狗狗长期居住在公寓中，即使公寓面积较大，活动的范围也仍然是有限的。所以当狗狗在外溜达的时候，不妨珍惜这不可多得的广阔空间，与狗狗玩一些互动的游戏。

玩飞碟

游戏优点：可以很好地锻炼狗狗的敏捷性、反应能力、跳跃能力。

游戏须知：适用于大中型犬以及比较活泼的小型犬，有些不爱动的斗牛犬和沙皮狗则不太适合。

玩耍技巧：先拿出一块零食，让狗狗闻一下，然后后退几步，对狗狗发出"接住"口令，如果狗狗接住，就要及时表扬，如果没有接住，可以反复练习数次；当狗狗已经完全掌握游戏的技巧之后，可以换成飞碟，主人丢出飞碟发出口令，如果狗狗接住，就要喂给零食并表扬。随着狗狗水平的提高，还可以改变方向和速度来玩。

拔河、拉扯游戏

游戏优点：游戏竞争性强，可以很好地吸引狗狗的注意力，通过主人的一收一放，还能够加强对狗狗控制力度的训练。

游戏须知：在跟狗狗拔河拉扯之时，可以适当有输有赢，不要总让狗狗赢或者输。

玩耍技巧：将玩具或者绳索的一端握在手中，将另一端放在狗狗面前晃，吸引狗狗过来咬，狗狗一般咬住后会想要抢走，这时主人要拉住不放，与狗狗做出互相拉紧又放松的动作。在游戏过程中不要拉扯得太过激烈，以免让狗狗在兴奋的情绪中行为出格。

腿间穿越

游戏优点：这个游戏对场地要求不高，也不需要使用额外的游戏道具，主人和狗狗可以一起享乐其中。

游戏须知：在游戏的每个阶段，都需要主人用手来引导狗狗，让它学会从主人两腿之间通过。

玩耍技巧：游戏分为在"8"字中穿越、在行进中穿越两种。其中"8"字穿越比较简单，主人只需张开两腿，指挥狗狗穿过即可，反复练习几次，熟练之后就可以挑战在行进中穿越了。行进中穿越，要求主人在行进中的步子要迈大一点，速度要均衡，这样狗狗在通过时有一定的空间，比较能够掌握游戏技巧。

爱狗达人

妮妮

狗狗大名

依依

5.狗狗出远门 之必备工具箱

爱宠生活秀

狗狗品种

古牧

在城市里面憋久了，好不容易等到了长假，很想带我们家腼腆的古牧"姑娘"去感受一下乡村风情。于是，我决定开车带狗狗回老家。

一路上美丽的风景让依依非常的高兴，它目不转睛地盯着外面看。开着开着，前方出现了一个绿色的水塘，依依高兴地"汪汪"叫，这"小姑娘"看来是想下水了。靠边停车之后，我拉开车门，依依兴奋地直跳下去，在浅浅的池子里快乐地打滚。

过了一会儿我喊依依上岸，却突然想到了一个问题：这次出门毛巾都没带一条，看着浑身湿嗒嗒的依依，这可怎么办才好啊？

住在城市中的人类渴望旅行，渴望去广阔的天地里游览和玩耍，狗狗也是一样。对长期住公寓的狗狗来说，旅行也是一种身心愉悦的方式。如今带狗狗出游是许多人都很热衷的行动，但你是否做好一切准备了呢？细心的主人必然会考虑周全，以下这些工具是必须一起携带的。

必备药品

在出门之前，需要给狗狗购买一些必备的药品和材料，比如晕海宁，可以预防狗狗晕船晕车；健胃消食片，帮助狗狗消化食物；胃复安，缓解狗狗反胃呕吐；云南白药，如果狗狗受了皮外伤，可有效缓解疼痛、止血；纱布，可以通过缠绕起到紧急止血的作用。

足够的狗粮、磨牙食品、水

营养比较均衡的狗粮可以让狗狗吃得更饱，避免在旅途中吃其他食品而引起肠胃不适；而磨牙食品和零食，一来可以防止狗狗牙牙痒，二来狗狗在旅途中有了好的表现，还可用来嘉奖一番；狗狗喝的水是必须要准备的，尤其是夏天出远门，足够的水分可以避免狗狗出现中暑症状。

清洁用品

出远门的狗狗一般都比较兴奋，可是时间一长狗狗的身上就会有味道了。因此，带上狗狗专用的洗发露以及毛巾、梳子、吹风机等，也是非常重要的。此外，毛巾可以多带几条，如果狗狗戏水游玩浑身湿透了，主人及时为其擦干身上的水珠非常必要。

辨别身份的狗牌

出门到了一个陌生的地方，狗狗也会因为没有留下气味而产生迷路的危险。可以在狗狗脖子上挂上一个狗牌，标注主人的姓名和联系方式。同时在工具箱内还应再留一个备用，以防狗狗在外玩耍时，将身上的狗牌弄掉了。

两条以上牵引绳

外出给狗狗系上牵引绳非常有必要，但因为是出远门，要防备牵引绳丢失，或者狗狗把牵引绳咬断的意外。因此，多带上两条牵引绳，可以增加狗狗外出活动的安全系数。

做健康狗狗，避免疾病与意外

1.跳蚤：
居室养狗最大恐慌

爱狗达人
章晓

狗狗大名
花花

爱宠生活秀

我家花花已经1岁多了，之前一直都挺健康的，但有次我带它出门遛弯，一个没留神，让它跟小区里的流浪狗狗玩得太亲密，结果竟然带回了一点儿小麻烦。回家之后，花花总是不停地啃咬自己的尾巴，还用爪子时不时挠脖子，这些频繁的动作十分不正常。

我连忙翻开它的毛发，居然在里面发现了跳蚤。听说跳蚤会吸狗狗的血，让狗狗长不胖，还会传染到人，这可怎么办才好啊？

狗狗品种
泰迪

好痒，把痒
痒挠借我用。

爱宠大学堂

在狗狗身上出现跳蚤无疑是非常让人头疼的事情，跳蚤非常小，也不容易清除干净，只要一上狗狗的身，它就会痒得不得了。如果主人不知情或不加以防备，还会直接传染到人身上。不过，对付跳蚤只要用对方法，就能迅速地彻底消灭它。

除蚤洗发精

这种洗发精中含有针对跳蚤的成分，可以有效杀灭跳蚤。像平时洗澡一样，轻轻倒适量洗发精在狗狗身上揉搓，并停留3~5分钟即可，还能有效预防其他易患的皮肤病。

进行药浴

市场上用于狗狗药浴的除蚤药水可分为两类，一类含有硫黄，毒性稍低，只要狗狗多浸泡一下就能消灭跳蚤；而另一类则为有机磷药物，主要是利用让跳蚤中毒的方式来消灭跳蚤，有些皮肤敏感的狗狗要慎用此类药水。

除蚤橡圈

这种产品虽然功效不及喷剂，但是有效时间最长，可以让狗狗长期佩戴。如果在佩戴一段时间后狗狗身上仍然有残留的跳蚤，也不要心急，再进行一下药浴一般就能把跳蚤杀光。

除蚤喷剂

这种产品药效最为明显，能保持1个月以上，但是在喷洒后的两天内都不能给狗狗洗澡。因为喷剂内含有酒精的成分，体质较差或者肝功能不全的狗狗最好不要使用。在使用的过程中要注意喷洒至狗狗里毛内，并且避开狗狗的眼睛和耳朵，还要控制剂量。

2.狗狗受伤出血，小问题自己解决

爱狗达人 林英

狗狗大名 阿达

爱宠生活秀

我家阿达的身体一直很健康，从来都没病没痛的。这天也跟往常一样，我开门放它出去上厕所，结果回来的时候发现它走路有点儿不正常。我仔细看了看，发现它的躯干侧面有一些受伤的小擦痕，已经结了血痂。我猜它大概是在楼下花坛里被擦伤的，听说狗狗的小伤口可以自己愈合，我也就没有多管。

第二天下班回家，阿达却没像往常那样兴奋地跑出来迎接我。我觉得有点儿奇怪，走进房间一看，阿达正趴在垫子上，显得无精打采的，耷拉着眼皮直哼哼。我赶紧蹲近前去仔细查看，才发现阿达身上的伤口都肿了，而且用舌头不停地舔着，伤口附近都是口水，有些严重的地方还有发炎的

狗狗品种 北京犬

迹象。我顿时后悔莫及，昨天应该给它的伤口消毒，套上伊丽莎白圈，现在这个样子，阿达痛，我也心疼啊！我急忙带着阿达去宠物医院，看着医生给它剃毛、消毒、上药，小家伙疼得直哼哼，我也特别难过，心里暗暗下了决心，以后一定要好好照顾它。

爱宠大学堂

家有狗狗，难免会受伤，如果是小问题，完全可以自己动手解决，如果情况比较紧急，也可以采取一些措施，让狗狗的伤情得到控制。

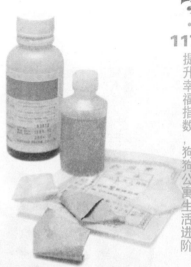

出血性受伤

当狗狗之间发生冲突，或者是狗狗在外面跑跳的时候遭遇到硬物而行动异常，或发出"呜呜"的声音，主人最好马上检查狗狗全身。尤其是被毛比较长的狗狗，主人最好能从头到脚仔细翻开被毛检查。在给狗狗处理伤口时要小心仔细，避免弄痛狗狗。

在处理长被毛狗狗的伤口时，首先应剪断伤口周围的被毛，这样可以更方便帮助狗狗止血。如果狗狗大量出血，要先用纱布或者丝袜扎紧出血的伤口，如果有携带云南白药，可以适量喷洒，然后用纱布按住，很容易就能止血。如果不见效，就要增加对伤口的按压时间以及力度，并用纱布紧紧缠住，随后送到就近的宠物医院就诊。

摩擦性受伤

如果狗狗因为与其他物体摩擦而出血受伤，主人完全可以自己解决，这种情况下不需要包扎，自然通风能好得更快。但如果狗狗喜欢舔伤口或者挠伤口，可以考虑给狗狗戴上伊丽莎白圈。为了防止伤口发炎，主人可以在狗狗的伤口上点擦上碘酒或者酒精消毒，然后涂抹上红霉素软膏。

受伤后的运输

如果狗狗需要外出就医，必须注意防止再次受伤。要避免受伤狗狗的进一步受伤，在运输上有很多注意事项。如果是大型犬，最好放置于木板上运输；如果是小型犬，可以将其放在篮子里或者毛毯内抱着走。

公寓养狗 TIPS

在狗狗受伤后，主人一定要细心照顾，给予关怀。条件允许时还应加强营养，多在口粮中添加一些富含维生素的食物，这样更有利于狗狗创面愈合。

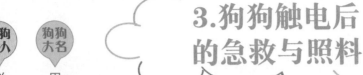

3.狗狗触电后的急救与照料

爱狗达人
洋洋

狗狗大名
果冻

狗狗品种
哈士奇

爱宠生活秀

果冻超级喜欢咬家中的东西，我每每做出伸手要打的动作，它就会乖乖"收口"；可每次趁我不注意的时候，它还是要调皮一下。

咬就咬吧，这个傻东西，居然咬了家里的电线，触电了！虽说看上去不算特别严重，可看着它龇牙咧嘴的样子，我还是心惊肉跳，真是心疼死我了，当场都不知道该怎么办才好。虽然及时送往医院救治，但狗狗复原之后明显没有以前活泼，我真担心，不知道是不是留下了什么后遗症。

爱宠大学堂

狗狗触电，多半是因为咬破家里的电线而导致，还有一些是因为主人的粗心大意，没有把接线板放置好，有些狗狗不小心尿在上面，而引发触电的情况。狗狗触电了，主人该怎么救治呢？

切莫冒失接触

狗狗触电之后，主人千万不要因为心急而直接抱住狗狗，或者接触到狗狗因为触电而失禁的尿液，否则主人也会触电，同时还可能导致狗狗二次触电。这时应当尽快关闭电源，有插头就拔掉插头，有电闸就拉下电闸，然后再触碰狗狗。

及时人工呼吸

当狗狗因为触电而产生失禁的情况，说明已经处于危险阶段，这时最好立即施行人工呼吸。如果狗狗较小，可以抓住两后肢，用手拍打，并有节奏地前后摆动，直至狗狗出现呼吸的状况；如果是正常大小的狗狗，则可以让它侧卧，有节奏地压迫胸部，诱发呼吸，一般需要进行20分钟。

细心照看

狗狗触电经紧急救治之后，虽然能够很快复原，但是主人也不要掉以轻心，在之后的数小时内，还是有可能发生休克的迹象，主人应陪伴在狗狗身边，并辅以轻柔的抚摸。

立即送往医院

如果狗狗属于大型犬，最好用担架将它送往医院；如果是小型犬，主人不要抱着送医院，而最好是放置在平稳的箱子中，这样更有利于保持狗狗呼吸顺畅，防止出现呼吸压迫。此外，即便狗狗没有出现小便失禁的情况，身体上也没有疾病的症状，主人也千万不要粗心大意，因为体内有可能出现烧伤，这一点可以通过检查口腔而看出，也必须及时送往医院查看。

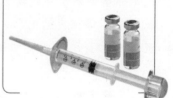

从触电的原因来看，一般都是因为狗狗爱咬东西和随地尿尿习惯导致的。主人应该提前训练好狗狗，这样才能有效避免这些问题。如果家里的电线实在不好收纳，可以在电线上喷洒风油精、辣椒水、柠檬汁等。

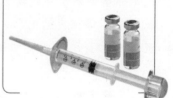

恋爱
结婚生子
进行时

1.非诚勿扰，
寻找与它最般配的狗狗

爱宠
生活秀

狗狗
品种

松狮犬

我们家的"小姑娘"嘟嘟发情好久了，虽然我在网上已经为它发布了"征婚启事"，但是前来应征的狗狗们，要么毛色不对，要么是体型悬殊，导致现在嘟嘟还是一个"黄花大姑娘"。前来应征的"帅哥"，也让嘟嘟压根没有什么兴奋劲。

看着嘟嘟郁郁寡欢的样子，我只好给它穿上生理裤，带它出去透透气儿。走着走着，嘟嘟局促不安地叫了两声，我往前方一看，哇，前方有个松狮"帅哥"，虽然个子矮了点，但是其他方面条件不错。于是试探性地把嘟嘟牵过去，两只狗狗好像还挺情投意合，询问了一下对方主人，哎哟，真不错，这只狗狗也成年了呢，看来嘟嘟这次能配种成功了。

爱宠大学堂

　　狗狗到了合适的年龄之后，主人们就要选择合适的公犬或者母犬进行配种了。如何才能为狗狗选择一个最般配的对象，怎样才知道狗狗是否配种成功呢？

对象的优缺点之分

　　狗狗的配种要选择具有共同优点的公犬或母犬进行交配，这样狗狗的各种特征会在下一代狗狗身上保持、巩固，如体型、毛色、面纹、五官等。

利用对方优势来互补

　　如果你的狗狗在某一方面有问题，可以选择具有这一优点的狗狗进行配种，让狗狗下一代更优秀。但是不能用脊椎不直改造脊椎弯，不能用"X"形肢改造"O"形肢。

配种对象的年龄

　　最理想的年龄搭配是壮龄配壮龄，也可以年长的母犬配壮龄的公犬，尽量避免老龄犬配老龄犬。如果狗狗的年龄差距超过5岁就不宜参加配种了。

配种的次数

　　一般配种的次数为两次，间隔时间以24~48小时为佳，否则就会影响胚胎的发育。

配种的方法

　　通常采用自然交配方式，狗狗在发情期会散发出独特气味，加上身体关系，狗狗之间会产生兴奋感。对缺乏经验的狗狗可以进行人工辅助，比如用手托住母犬的胸腹部，以防母犬在受到爬跨时蹲卧；或帮助公犬将母犬的尾巴拉到一边，以防尾巴遮住母犬的阴门。

对象的体型大小

　　最好选择跟狗狗体型大小合适的狗来速配，这样成功率较高，在配种的时候也能避免狗狗发生伤害事件。最好不要进行三代之内的近亲繁殖。

爱狗达人
康娇

狗狗大名
露露

2. "准妈妈"需要最精心的呵护

爱宠生活秀

狗狗品种
萨摩耶

我家狗狗自从上次跟小区里一位萨摩耶"帅哥"邂逅之后，两只狗狗就开始自由恋爱，还交配了。经过一段时间的等待，小区的兽医高兴地告诉我，咱家的露露怀孕了，这可高兴死我了。"小丫头"要长大了，可是相应的问题也就来了。

之前露露可是个爱干净的"孩子"，几乎不在厕所之外的地方尿尿，可是自从确认怀孕之后，好像对于尿尿方面没有以前能憋得住了，都是随地解决，根本不会去厕所。它的眼神也变得没有以前那么灵光了，有点呆有点傻，有时候吃着吃着会吐出来。唉，对处于孕期的它，我该怎么照顾呢？它这些反应都是正常的吗？

通常在交配之后一个多月，就可以带狗狗去专业的宠物医院检查一番了，以确诊狗狗是否怀孕。狗狗怀孕之后会出现呕吐、食欲减少、乳房胀大、下腹微微凸起、尿频等状况，都是正常的反应。一旦狗狗怀孕，主人们可要比平时多投入一份心思来照料，等到狗狗肚子里的健康宝宝出生后，狗狗会更加爱你。

正常的怀孕时间

狗狗正常的怀孕时间是怎样的呢？弄清这个问题，才能正确地帮助狗狗做一个健康的准妈妈。一般来说，狗狗的怀孕期为63天，但这并非标准时间，因为根据个体的不同，也会有所偏差，少的有59天，多的有65天。但是，如果狗狗的情况偏离了这个时间，主人就要考虑带它上医院检查了，看是否有其他特殊情况。偏离的时间越大，宝宝的存活概率也就越低。

黄金护理三阶段

第一阶段为1~30天，也就是狗狗刚刚受孕的第一个月。狗狗确诊怀孕之后，要避免剧烈的运动，否则容易发生流产或者胎儿畸形。在饮食上，保证跟平时差不多的喂养水平就可以了。不需要添加太多的肉、鸡蛋、钙质等。因为这个阶段狗狗肚子里面的胎儿生长比较慢，个子也比较小，如果喂给太多的营养，只会被母体吸收，等于给狗狗催肥，很容易在后期出现难产的情况。

第二阶段为30~45天，这个时候狗狗肚子里面的胎儿开始生长了，最直接的生理变化是狗狗出现尿频，没有以前能够憋得住尿。可以每天多增加一些运动量，让狗狗变得结实一点，在饮食上适当增加肉、鸡蛋、汤、酸奶的量，但是不能喂得太多，以防胎儿长得太快而流产。

第三阶段是45~63天，到了临产前的最后几天，要保证狗狗一定的运动量，晚上多散散步，狗狗的食欲也会相应增加，表现出吃不够的情况。主人们要控制狗狗食量，比平时多45%即可，喂多了就是害了狗狗。

公寓爱狗 TIPS

驱虫药大多是可以在孕期服用的，这一步非常重要，提前给狗狗吃驱虫药可以防止狗狗体内的寄生虫通过胎盘脐带血传播给幼犬。在孕期带狗狗晒晒太阳也非常关键，因为在产后哺乳期狗狗会流失大量的钙质，应提前预防狗狗后期会出现的问题。

爱狗达人 涵涵

狗狗大名 嘉嘉

3.初产狗狗 的分娩与照料

狗狗品种 拉布拉多犬

爱宠生活秀

　　我们家狗狗这两天可能要生宝宝了，它是第一次生宝宝呢。虽然不知道它怎么想，但我们全家人比它还紧张，尤其是我。狗狗长了这么大要生娃了，我真的好替它担心，有很多地方我都不懂，比如在狗狗快要生产前，到底狗狗会有哪些举动呢？我该提前准备哪些东西？有没有哪些地方要我提前处理的呢？要是万一家里人都出门了，我一个人忙得过来吗？产后狗狗饮食上应该用哪些东西补充营养呢？想起这一连串的问题我就头大又揪心啊，真希望嘉嘉能够顺利地生下自己的宝宝。

爱宠大学堂

家里的狗狗快要生了，很多主人都会被狗狗第一次生产弄得有些措手不及，其实主人们大可不必太慌张。就让我们一起来看下如何帮助狗狗们生产，以及照料分娩后的狗妈妈吧。

狗狗分娩征兆

主人们一定要算好时间，在狗狗怀孕的最后一周就要提高警惕了。当狗狗的体温比平时低，或者拒绝进食、只吃自己感兴趣的食物、发生呕吐，或是突然排泄出绿色的黏液，就预示着可能是体内胎盘和子宫的分离、狗狗要生产的迹象了。

狗狗生产前的准备工作

干净的垫子、烧开的水、剪刀、酒精等都是要提前准备的。对于毛发比较长的狗狗，可以提前修剪狗狗乳头附近的毛发，方便狗宝宝来吮吸；还要修剪外阴部的毛发，以免在生产的时候过于脏乱。当狗狗生产完毕之后，就要用温水将其外阴部、尾部、乳房等处擦拭干净。

狗狗产后禁忌事项

狗狗生产后会陆续排出恶露，气味也变得难闻，但只能给狗狗换上干净垫子或用干净毛巾擦拭，绝不能给狗狗洗澡，否则会导致感冒或停乳。

狗狗产后饮食护理

在狗狗分娩结束之后的1~2天，应当给狗狗补充一些葡萄糖水、牛奶、下奶水的汤，保证狗狗有充足的饮水量；到3~4天之后，就要增加肉食的补充，进餐的次数也可以增加。这一阶段，有些狗狗的进食量少也比较常见。在之后的时间里，只要保证食物的营养水平均衡就可以了，同时还要注重蛋白质、微量元素、维生素的补充。

主人们在狗狗生产的时候不要太慌张，因为大多数狗狗天生就知道自己应该做什么，很多情况下，主人们只需要辅助性地帮忙就可以了。如果在生产时要接触到狗狗，主人们一定要将手以及各种器械都用医用酒精消毒一下。

爱狗
达人

狗狗
大名

方凌

汤圆

4.哺乳期
奶狗强壮计划

爱宠
生活秀

狗狗
品种

吉娃娃

　　我们家的汤圆生了4只狗宝宝，可有两只小狗狗总是叫个不停，而别的狗狗除了吃奶时是醒着，其他的时候全部都是在昏睡。那两只不安分的小狗狗不仅白天喜欢叫，在晚上睡觉之后，也会突然一个激灵，不知道被什么惊醒了而尖叫，这种情形可以一个晚上出现十几次，把我整得快神经衰弱了，晚上没法睡好觉，而这时汤圆也会很无奈地看着我。

　　我只好起床看看这两只敏感的狗狗有没有被压到，有没有奶头吮吸，是不是跑到垫子外面受凉了，谁叫我是这一家的主人呢。

小奶狗出生之后都是处于两眼紧闭的状态，一般要到10天左右才会睁开眼睛，到了第21天就会变得活泼起来。在小奶狗的初生阶段，主人也要无微不至地照料，这样狗狗以后才能更健康地成长。

及时吃上母乳

刚刚出生的奶狗要及时吃到初乳，因为母乳中的球蛋白含量很高，对小狗之后的健康成长非常重要。通常狗狗从出生到断奶一般在45天左右，在此期间，除了要保证狗狗能够吃到初乳，还要时刻注意查看，因为奶狗骨骼很软，要防止被压到而窒息，同时要对母狗和奶狗生活的环境进行适当保温。

刺激母狗的母性

当奶狗没有睁眼时，一般不会排泄。有些母狗会很勤劳地为奶狗舔肛门，有些则会因为生产太辛苦了而忘记自己的职责。这时，主人们不妨在幼仔的肛门处涂抹上酸奶、奶油等母狗喜欢的食物，刺激母狗舔奶狗的肛门，让奶狗们后期可以顺利排便。

晒太阳很关键

当奶狗睁开眼睛之后，遇到天气晴朗的日子，可以把狗妈妈和狗宝宝一起移出来晒太阳，一般一天两次，每次半小时就行了。这样可以让狗狗呼吸到外面新鲜的空气，还能利用阳光中的紫外线杀死狗狗身上的细菌，促进狗狗的骨骼发育，以免小奶狗生病。

注意发育情况

主人们要定期给奶狗称一称体重，狗狗出生后的5天内，一般每日的增重平均在50克左右，到了6~10天，每日增重在70克左右。到第11天之后，如果母狗的奶水不足，可能会出现奶狗体重停滞的局面。这时称重就可以得知母狗奶水不足，需要人工补充奶水了。

人工补充奶水可以用鲜牛奶或羊奶来代替，将奶煮热之后，用小奶瓶或者注射器喂给狗狗，温度在20到30℃之间便可。通常在15日龄内，每日补奶50毫升即可；在20日龄后，可以提高到150毫升，这时也可以相应地喂一些流质食物。

爱狗达人 程程

狗狗大名 飞飞

5.狗狗幼仔问题一箩筐

狗狗品种 可卡犬

爱宠生活秀

　　我们家的可卡妞一下子诞下了5只小可卡，看着这些小家伙在飞飞怀里吃奶的样子，真是可爱极了，小爪子都红红的，鼻子超级迷你，每天听着它们发出叫声，觉得超级欣慰。而飞飞也充分完成着母亲的使命，不停地舔着小幼仔的肛门，有的奶狗要爬出窝了，飞飞就温柔地将它叼回来，哎哟，真是可爱极了。

　　不知不觉小幼仔们已经渐渐长大了，虽然它们还是执意吮吸着飞飞的奶头，可飞飞的奶水好像跟不上。看来现在该轮到主人抚养登场了，不知道直接吃狗粮行不行呢？

狗狗幼仔是非常脆弱的小生命，即便是看上去非常普通的腹泻、感冒、呕吐都会要了狗狗的命。有些主人会很急切地给狗狗注射疫苗，但实际上狗狗年龄过小，并不适合注射某些疫苗。要想幼仔身体健康，还是要依靠主人们的细心照料。

断奶阶段

当狗狗的奶水吃足30~40天，就要进行断奶了。这是比较危险的阶段，因为狗狗饮食的突然改变，会让狗狗变得不安，容易食欲不振而引发一些疾病。因此，在断奶前就应提前给狗狗喂一些容易消化的流食，而到了正式断奶后，要喂一些适口性比较好、容易消化的食物，比如用温牛奶或者开水泡幼犬专用狗粮给狗狗吃，如直接吃狗粮，狗狗难消化、易便秘。

修剪指甲

当狗狗断奶后，要给小狗修剪指甲，以免狗狗抓伤自己以及同类，抑或在吃奶的时候抓伤母犬的肚皮，引发细菌性的感染。主人抱起幼仔时，一定要小心托起，不能用手直接拧背部的毛发，这样会让狗狗受惊，还会影响母狗的正常情绪。

安乐小窝

当小狗爬行自如之后，为了给它们安全感，可以布置一个温馨小窝，如用废弃的纸箱，里面放上一条小毯子就可以了。此外还要给狗狗驱蛔虫，有些蛔虫是母体携带而传染的，用注射器给幼仔喂食驱虫药，通过粪便排出蛔虫后，幼仔的生长会更健康。

区别对待

在一窝幼仔里面，总有一两只幼仔会长得特别强壮，也总会有一两只抢不到奶头而发育得慢一些。这时主人就要做好记录工作，区别对待，对于发育慢的狗狗要适当补充一些营养，以免太瘦弱而导致抵抗力不佳。

洗澡处理

幼仔身上会有很多的污物，这时主人也不要心急地给幼仔洗澡。可以将柔软的布片用温水浸湿之后，给幼仔擦拭一下，之后再用干净的毛巾帮它擦拭干净。

6.关注
老年狗狗的余生

爱狗达人 何英

狗狗大名 佳佳

狗狗品种 银狐

爱宠
生活秀

不知不觉，佳佳来我们家已经有十几年了，成了个不折不扣的"老人家"。邻居们看到它，都会纷纷夸它不容易。现在它走路变得很慢了，看到太阳，眼睛也眯了起来，好像承受不了太阳强烈的光照；吃饭的时候速度也特别慢，在家里也不再像以前那么活泼，而是呆呆地趴在角落里，看着大家走来走去。但是我们都不介意，希望它能这么静静地陪伴着我们。对我们来说，佳佳已经成为家庭的一部分，一直都是我们的家庭成员。而现在，我们只希望在它剩余的时光里，能吃好、喝好、睡好就行了。

主人，我
的退休金呢？

爱宠大学堂

　　青春易逝。在慢慢成长的过程中狗狗就会进入到老年，有些会变得不爱动了，记忆力衰退，反应变得迟钝，食欲也会下降。为了让进入老年的狗狗生活得更加舒适，爱犬的主人们不妨试着从以下几方面着手。

注意环境温度

　　一般狗狗在7~8岁之后就进入到了老年的状态，被毛会逐渐变成灰白色，皮肤也会变得干燥起来。到了这个阶段，狗狗会变得既怕热又怕冷，因此在天气冷的时候，不要让狗狗留在外面太久；在天热的时候，最好让狗狗在阴凉处纳凉。

控制狗狗的食量

　　等到狗狗变老之后，由于活动量的减少，食欲也会直线下降，因此要注意控制食量，以免增加消化负担。要多喂一些富含维生素的食物，同时喂的食物应该比较软，这样才易于消化。如果狗狗已经养成习惯性的吃食、睡觉、活动的频率，就要继续执行，不要破坏它们的正常生活。

用手势来代替关爱

　　很多老年狗狗的听力和视力会下降，反应也会变得迟钝。这时候不大适合再用口令指挥它，最好用抚摸和手势来与它沟通，不要对它大喊大叫，也不要强迫它来进行互动游戏。同时，最好将狗窝移动到厕所附近，以方便狗狗晚上大小便。

老胳膊老腿，
得多晒晒太阳。

不要嫌弃
狗狗的臭味

很多狗狗到了老年之后，口腔、耳朵、皮肤都会发出一些难闻的气味。口臭是因为食物残渣塞在牙缝里造成的，耳朵的气味是多年积累下来的蜡质和污垢发出的，而皮肤是因为常年留在身体上的体垢而造成的。但是，只要主人细心地加以照顾，定期给狗狗进行清洁和处理，狗狗的臭味也不会那么明显，依然可以顺利地与人为伴。

多陪伴狗狗

随着狗狗年龄的增长，到了老年之后，独自在家的时间如果过长，狗狗会比年轻的时候显得更忧郁。这时主人要尽量多花点时间陪伴狗狗，这是对老年狗狗的最大安慰。和狗狗做游戏会消耗它们过多的体力，狗狗可能会"吃不消"，不妨以散步为主。要选择适合老年狗狗散步的道路，上下坡很陡的道路会对它的脚、腰造成负担。关节疼痛对老龄狗狗来说是件很痛苦的事，所以最好选择起伏不大、平坦又好走的道路来散步。

狗狗进入老年之后，最好要定期带它去宠物医院进行检查和免疫。对老年狗狗来说，每年注射疫苗加强免疫非常重要，因为它们对疾病的抵抗力减弱了，而且最容易受到细小病毒的传染。每年还应该做一些重要器官的检查，比如皮肤、肾脏、肝脏等，让医生检查它们身上是否有肿块，并检查它们的口腔。此外，带狗狗检查时最好带上一份它的尿样，用清洁的容器装好，更有利于宠物医院的医生对狗狗的健康状况进行评估。

第四章

个性美容，
狗狗也有酷派头

全身美容，
健康养护最重要

　　型男靓女，自然要追求时尚潮流，这可不是人类的特权。现如今，狗狗们也跨入了"扮靓"行列，成为了时尚潮流的生力军。在小区花园里瞧一瞧，出来溜达的众狗狗们哪一个不是英俊潇洒、美貌动人？可即使是再美丽的狗狗，所有的美容也还是得从身体各个部位的养护开始。

牙齿养护
狗狗也得刷牙

狗狗的牙齿是咀嚼和啃咬食物，尤其是坚硬骨头的重要工具。身为主人一定要学会给狗狗进行正确刷牙，让狗狗口腔健康，拥有健康灿烂的笑容。可以买狗狗专用牙刷和牙膏，用幼童用的软毛牙刷代替也行，但不要用成人牙刷、牙膏。

首先握住狗狗的鼻、口，掰开两侧嘴唇，刷洗它的牙齿和牙龈；然后沿牙龈线刷洗，这里是牙菌斑和牙垢的主要积聚地；最后，喷洗狗狗的口腔，冲掉牙膏和异物。给狗狗刷牙，每周一次就够啦。如果狗狗怎么都不肯刷牙，可以用软毛巾、消毒纱垫或湿棉球蘸取牙粉，来帮狗狗清除表面牙垢。

眼睛养护
经常观察分泌物

眼睛是心灵的窗户，狗狗的眼睛也需要你经常检视，看看有没有异样：眼水过多、眼球太红、眼角处出现"三眼皮"或皮肿、眼角内存积许多黏液或脓性分泌物等，都是问题征兆，应立即采取相应补救措施。

方法很简单，首先用棉球蘸取2%的硼酸，也可用凉开水代替，由眼内角向外轻轻擦拭。擦拭时最好不要一个棉球反复使用，一个若不够，可多换几个，直到将眼睛擦洗干净为止。然后，往狗狗眼内滴入眼药水或眼药膏，以消除炎症。

耳朵养护
棉花球派上大用场

狗狗的耳朵也是每周的养护重点，主要是看耳内有无发炎、红肿现象；闻耳内有无异味；摸耳内有无粗糙的异物。如果一切正常，只需用干棉花球清洁一下就可以了，若发现有耳垢，可用棉棒略蘸一些甘油，然后伸入耳内细细清理。但若耳内出现溃烂等不良情况，应将狗狗立即送往医院就诊。

臀部养护

谨慎对待"磨屁股"

如果你是个称职的主人，每周看看狗狗的臀部也是一项必需的任务，主要是察看有无肛裂、发炎等不良情况。若狗狗最近一段时间都不愿上厕所，且一直坐在地上"磨屁股"，那很可能是肛门出了问题。这时，最好向兽医求助，帮助狗狗恢复健康。

指甲养护

时常修剪是关键

狗狗指甲要经常修剪，因为它们的指甲长得很快，若长期不修剪，导致指甲太长，不仅不卫生，还会影响狗狗运动，甚至损伤室内家具。幼年狗狗可以每周修剪一次指甲，成年狗狗则可每个月修剪一次。修剪指爪时，要选用狗狗专用指甲剪，剪掉不通血管而且弯曲的尖端部分即可（约为指爪的1/3），剪的动作最好一气呵成，然后用锉刀锉平。

狗狗的脚趾若是黑色，就不易看到血管，为防止剪伤，可先剪掉指尖部分后，再用锉刀锉光滑。万一不小心剪到血管，可涂云南白药、碘酒类止血剂，防止感染。

真麻烦，理发前还得洗发。

2.

毛发清洁，狗狗美容必修基础课

别以为给狗狗美容就是从事理发师工作，拿上剪刀"咔嚓咔嚓"就完事，事实上，美容的第一步应该是进行狗狗身体的清理。只有让狗狗拥有干净的毛发，才能继而给它进行"面子工程"的打造。

小难题: 狗狗应该洗澡吗?

关于给狗狗洗澡的问题,仁者见仁、智者见智。有人认为,狗狗自己能用舌头舔干净被毛,不必洗澡,而有的人怕狗脏,天天给狗洗澡,其实这些做法都不对。通常养在室内的宠物犬,夏天每周洗一次澡,冬天每月一次足矣。而在一些气温高、潮湿的南方城市,平均每半个月洗一次澡即可。

因为犬毛上附有一层自己分泌的油脂,尤其是长毛犬,既可防水,又可保护皮肤,还可使犬毛柔软、光滑,保持韧性与弹性。如果洗澡次数过于频繁,洗发剂就会洗去上面的油脂,从而让狗狗毛发变得脆弱、暗淡、易脱落,并失去防水作用,使皮肤变得敏感,严重者易引起感冒或风湿症。

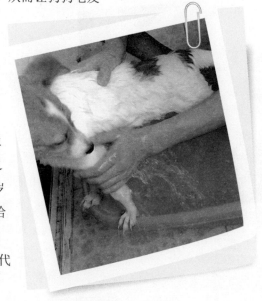

狗狗洗澡分干洗和水洗两种。干洗一般用于半岁以内的幼犬,因为它们抵抗力较弱,水洗容易导致身体受凉而发生呼吸道感染和肺炎,尤其是北京犬、贵宾犬之类鼻道很短的犬,患病率更高。所以,半岁以内的幼犬,以干洗为宜,即每天或隔天给狗狗毛发上喷洒稀释1000倍以上的护发素,涂擦少量婴儿爽身粉,并勤于梳刷,就可代替水洗了。

狗狗洗澡8步战略

当狗狗半岁以后,就可开始训练水洗了。水洗主要分8步:

(1)在洗澡前,先将狗狗全身的毛刷拭一遍,以免纠缠的毛更加严重。若发现毛发上有毛结、泥块、柏油、口香糖渣等大块脏物,应先清理掉,便于下一步清洗。刷拭时,尤其要注意口周围、耳后、腋下、股内侧、趾尖等处,这些地方最容易"藏污纳垢"。

(2)有些狗狗怕水,如沙皮狗见了路上的小水坑都会绕道而行。对付这种狗狗,首先要训练它们的"亲水性",即用盆装半盆温水,将狗狗放在盆里站稳,先用毛巾蘸适量的水将狗狗全身冲湿,然后用手将狗身上的毛轻轻梳理一遍。等狗狗觉得舒服、安静下来,有开始洗澡的准备时，再往盆中加满温水，将狗狗放入盆中，只露出头和脖子，这样的"慢动作"让狗狗觉得舒坦，以后当然就不会惧怕洗澡了。

（3）滴上洗毛剂。先在背部涂上洗毛剂，从背部到臀部进行搓揉，全身搓揉出泡沫。

（4）接着给狗狗洗头和胸。清洗头部和胸部时，要避免泡沫掉进狗狗的眼睛里。为防止狗狗乱动，最好一只手托住狗狗的脸，不要让它躲来躲去，或扭头舔身上的洗毛剂，另一只手抓挠清洗狗毛。如果可以找到帮手，也可以请他帮忙抓住狗狗的嘴巴，这样你就可以放心地清洗了。

（5）然后洗脚底。给狗狗洗脚底时，也应一手抓住狗狗的脚丫，另一手负责清洗，以免狗狗摔跤或逃跑。

（6）开始冲水，用淋浴花洒、水杯都行，顺序是先清洗狗的头部，然后背部，最后胸部，冲洗动作要慢，千万不要劈头盖脸地乱冲一通，否则狗狗会拼命摇头，搅得你工作没办法开展。若将洗毛剂残留在狗狗身上，会引起皮肤瘙痒，狗狗在抓挠过程中很容易引发细菌感染。

（7）倒掉盆里剩余的水，用毛巾把犬毛擦干，特别是耳朵周围，并检查耳朵有无进水。

（8）最后，用吹风机将狗狗毛发吹干，不然狗狗容易着凉。吹风时，注意要不断梳理皮毛，只要狗狗身上没干，就应该一直梳到毛发彻底干爽为止。

狗狗洗澡 注意事项

首先，狗狗洗澡水温度一般春夏秋三季为36℃，冬天以37℃为宜，洗澡时间应选在上午或中午，不要在空气湿度大或阴雨天时洗澡，切忌将洗澡后的狗狗放在太阳光下晒干。

其次，狗狗洗澡应该使用专用的香波。宠物专用洗发液有漂白类洗发液、无刺激成分类洗发液、芳香型洗发液、除虱蚤类洗发液等，需要根据说明挑选使用。

另外，选购狗狗洗发液还要看毛质。除非狗狗毛质干燥、易打结，或是过于油腻，一般情况下，用混合型洗发液即可。

俗话说："好狗一身毛。"又有人说："人靠衣装，狗靠毛装。"不管怎么说，"狗界"如果有选美大赛，毛发一定是最重要的审美指标。所以，如果想让你家的狗狗也靓上一把，还得在狗狗被毛上大下工夫才行，首先必须保证狗狗毛发的干净整齐。因此，梳毛就是作为主人的你不可推卸的任务了。

3. 梳妆打扮，毛发梳理是关键

狗狗梳毛 工具一览

"工欲善其事，必先利其器"，由此可见工具有多重要。狗狗美容也是如此，现在就开始准备全套工具，做一个专业的狗狗美容师吧！

一般来说，狗狗梳毛工具分为两种：梳子和刷子。根据狗狗皮毛类型的不同，每周梳刷次数也不尽相同：对于短而顺滑的毛，可一周梳理两次；对于长而顺滑的毛，则需每天梳理；介于这两种毛发类型之间的，可根据需要每周梳理3～5次。每次给狗狗梳刷完毕，一定要记得将梳子、刷子上的油脂和毛发擦净，放入干燥箱以防生锈。

名称	功能	适用狗狗
针梳	将狗狗的被毛梳理蓬松，把粘连的毛梳开，去除小的毛结。一只好的针梳，即使在多次使用之后，钢针也不会歪倒、掉落，比较有弹性	贵宾犬、比熊犬、松狮犬等被毛蓬松的狗狗
平梳	平梳的顶端呈圆形，可以梳理细长且柔顺的狗毛，而且不易伤到皮肤。一般来说，这种梳子比较适合个子稍小的狗狗使用，若要用平梳梳一只中大型狗，就有点儿吃力了	用于被毛细长顺滑的狗狗，如约克夏犬、喜乐蒂牧羊犬、西高地犬等

名称	功能	适用狗狗
直柄钉耙梳	直柄钉耙梳类似平梳，但梳齿间距更大，每一根梳齿都可以转动，所以在梳毛的过程中阻力、对毛发的损伤度都非常小，而且由于梳子手柄与梳齿垂直，主人握住用力更方便	体型大、被毛厚、毛发蓬松且柔软顺畅的狗狗，如古牧
开结梳	开结梳的齿有点像渔叉，但齿上一侧带刃，梳头很锋利，可以把结团的毛切断，把黏结成团的毛打开。因为一侧带刃，所以有左右手之分。为了避免误伤狗狗，开结梳的快口都设计在内侧，梳毛时碰不到狗狗的皮肤	被毛长且厚，易打结的狗狗，如比熊犬、贵宾犬等
钢丝刷	钢丝刷常用在梳子梳毛后，最后收尾梳毛、整理毛型。刷毛时，从狗狗头部顺着毛的生长方向向下刷。千万不要逆向刷，否则会伤害毛发	短齿钢丝刷用于短毛品种，长齿钢丝刷则用于长毛狗狗
万能梳	万能梳是狗狗最常用的日常梳理工具，金属制成的梳子可以轻松将一些死毛梳下来。万能梳的梳齿很密，相对来说，更加适合细而长的毛发。由于是日常用品，所以万能梳根据狗狗的不同年龄，设有不同的尺寸，从幼犬到成年犬，一应俱全	通用于各种狗狗
跳蚤梳子	这也是一种狗界通用梳，但它属梳齿细密的特殊型梳子，通常用于去除狗狗毛发中的寄生虫，也可用于脸部清洁，用来去除眼部周围毛发中的食物残渣	通用于各种狗狗

狗狗梳毛 步骤分类数

定期梳理毛发的好处数不胜数：除灰、扫垢、防止毛打结，还能促进血液循环，刺激皮肤产生保护皮毛的油脂分泌，增强皮肤抵抗力，让狗狗毛发更亮丽、柔顺。梳理毛发的时间，可以选在你和狗狗都空闲的时候，比如散步回来后，此时狗狗精神比较放松和安静。

根据狗狗毛发长短的顺序来看，一般可以将狗狗分为长毛、短毛、中毛三种。

对于长毛狗狗，可以先将体毛分为上、下两部分，从下方开始，用宽梳子慢慢梳理。顺着毛发生长的方向，先梳毛尖部分，然后慢慢从毛根梳到毛尖。如果遇见打结的毛块，就用开结梳梳理，或是用手掰开。最后，用细密的梳子将整体毛发顺一遍，把宽梳子梳不下来的脏东西"带"走，理顺毛发。用细密梳子时方向和步骤同上，如果细密梳子绕不过去，可用宽齿梳子再梳理一次，直到将毛发理顺为止。

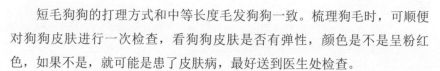

而梳理中等长度的毛发，要先用宽齿梳子逆着毛发生长方向梳起，然后进行顺向梳理，这样就能清除狗狗身上的大块脏东西和皮屑，让毛发更加清爽、整洁。梳理完后，用热毛巾再将体毛擦拭一遍，这样就可将毛发上细小的灰尘也清除干净，毛发自然"闪亮动人"啦！

短毛狗狗的打理方式和中等长度毛发狗狗一致。梳理狗毛时，可顺便对狗狗皮肤进行一次检查，看狗狗皮肤是否有弹性，颜色是不是呈粉红色，如果不是，就可能是患了皮肤病，最好送到医生处检查。

4. 修剪体毛，做狗狗的专业发型师

给狗狗修剪体毛，不单单只是为了追求美丽，这对于保养皮肤、体毛和卫生都非常有好处。修剪狗狗体毛可谓是一门艺术，你可以自己动手，也可以请专业人士帮忙，自己则在旁边偷学两招。

狗狗剪毛 工具一览

给狗狗做个适当的毛发修剪，就能创造出它特有的形象，为狗狗增加不少个性魅力，呈现出与众不同的气质。比如贵宾犬的典型大披肩造型，代表着雍容华贵；而苏格兰牧羊犬、威尔斯犬等大型犬，长发飘飘显得俊秀潇洒。狗狗的毛发修剪工具很多，一般都可在宠物店购买。

名称	功能
宠物电剪	这是修剪狗狗体毛时最常用的工具。电剪长相和男人的刮胡刀相似，但刀头密度相对刮胡刀来说更高，且更加锋利，里面的刀刃可更换，分别用来修剪硬毛和软毛。轻轻按动侧面开关，就可为狗狗修出漂亮的大致造型
7寸直剪刀	要处理细节，如眼睛、臀部、脚趾处的毛发，还得用7寸直剪刀。这种刀比一般刀片锋利，而且刀口间的缝隙更加齐整，因为狗狗毛发大多又细又松，一般的剪刀难以剪断
弯剪	这是一种特殊功用剪刀，主要用于贵宾犬之类的狗狗做造型，因为这类狗狗的尾部要剪成圆形，修剪时要让毛显出弧度，而普通的剪刀很难做到这点，弯剪在此时就能帮上大忙

狗狗剪毛 注意事项

修剪狗狗体毛，要根据狗狗本身的品种特征来定，不能为了满足你个人的喜爱，就将狗狗"整"成另类。一般来说，修剪体毛冬天可稍留长，夏天则可剪短些；狗狗个头小，可以将头上的毛发稍稍留长，头大的则可以稍稍剪短；狗狗脚底长长毛，走路就容易摔跤，不要为了追求个性而将其保留；肛门、生殖器、眼睛、耳朵附近的毛发很容易脏，滋生的细菌容易影响器官的生长，所以要毫不留情地剪短，不要心疼。

还要注意的是，修剪狗狗体毛，至少要留下毛发2～3厘米，而且只能剪不能剃，更不能把狗狗身上的毛发刮得光溜溜的，否则易让狗狗感染各种皮肤细菌，狗狗还可能会很不习惯，甚至从此不肯出门、不见肯人，直到毛发长出来为止。瞧瞧，狗狗也是很"臭美"的哟！

对于是否应该给狗狗染毛，这个话题一直众说纷纭，有着许多的争议。有人为给狗狗扮靓，不惜一切代价，将狗狗染成各种喜爱的颜色，并对狗狗大加赞赏，而狗狗听见主人的称赞，似乎也兴奋异常，感到十分开心；有的人则本着保护狗狗健康的立场，反对给狗狗进行染毛，觉得这样会对狗狗造成伤害。

狗狗染毛，
别轻易尝试

最好对染毛说"不"

许多宠物专家认为，狗狗的毛最好还是别染。众所周知，染毛剂是化学物品，即使人类染发，都可能对健康造成一定伤害，更别提幼小的狗狗。

而且，狗狗的皮肤比人类更薄，皮肤酸碱度也与人有很大差异，使用染毛剂后很容易过敏，出现皮肤红痒、掉毛等症状，甚至睡眠、进食都因此受到影响。体质敏感的狗狗，就更不宜染毛了。

即使是狗狗专用的染发剂，对它们健康的伤害也很大，因为那些化学品会渗透到狗狗的内脏，造成永久性的损害。所以，给狗狗染毛，既费了钱也伤害了狗狗的健康。

偶尔染毛，注意事项不可缺

如果一定要给狗狗染毛，也只能偶尔为之，而且要严格注意健康要求。首先，给狗狗染毛不可过于频繁，否则不仅会让狗狗的肌肤频繁受到染毛剂的刺激，而且狗狗很难适应自己身体的不停改变。所以染毛偶尔为之就好，千万不要像有些女人对待自己的发型一样，对狗狗的毛发三天两头换毛色。

其次，要使用狗狗专用的染毛剂。人类皮肤与狗狗皮肤是不同的，所以狗狗染毛，需要使用专用的宠物染毛剂，才能降低过敏的概率。

其实，与其费尽心思给狗狗染毛，不如从狗狗的健康出发，努力给狗狗进行体毛保养。拥有一身光滑柔顺的毛发，比人为染色的效果看上去更加自然，狗狗自身也会觉得更加轻松舒适。狗狗拥有漂亮的毛发，就如同妙龄少女拥有一副好身材，让人艳羡不已。

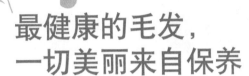

6. 最健康的毛发，一切美丽来自保养

在食物里添加营养

每天给狗狗喂富含蛋白质的饲料，及含维生素E、维生素D的添加剂和海藻类食物，少吃富含糖分、盐分、淀粉等食物，避免狗狗肥胖。若狗狗身材臃肿，一般毛质都会很差。

日光浴让毛发更柔亮

让狗狗多享受日光浴，并经常运动，促进血液循环，使其长出健康的毛发。

时常梳毛加保养

如果有空闲，可以经常给狗狗梳刷毛发，然后涂上薄薄一层植物型护毛油，而且要尽量避免烈日直接照射。

洗澡后的保养诀窍

给狗狗洗完澡后，要记得用浴巾将毛发擦到不会滴水，再用吹风机吹干。像北京犬、马尔济斯犬、博美犬和阿富汗犬等长毛狗狗，在洗澡后，若能用喷雾器装上蒸馏水，在犬背上喷上薄薄一层，然后再吹干，能使毛发显得更加蓬松、美观。

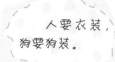

人要衣装，
狗要狗装。

根据季节 选择面料

春秋季节气温适宜，是狗狗们最喜爱的季节。这时候狗狗的衣服布料应该厚度适中，颜色亮丽，还要耐磨。因为这两个季节里，狗狗的户外活动时间会大大增加。可以选择的布料有牛仔布、灯芯绒和丝绒等。

夏季天气炎热，一般来说狗狗们也不需要穿衣服。但是穿一件漂亮的衣服，既可以隔离灰尘，让狗狗们自由自在地在外面玩耍，而不用担心弄脏毛发，又可以吸附它们身上掉下来的毛，为你减轻照顾狗狗的工作量，何乐而不为呢！

狗狗夏季衣服的布料当然应该凉爽、透气，还要够轻、够薄，这样穿着才舒服。纯棉和亚麻的布料都是很好的选择。

冬季天气寒冷，狗狗们的衣服主要是为了保暖，所以布料的保暖性是第一要素，其次就是要舒适、美观。像粗纺呢子和仿羊羔毛织物，都是适合冬天的衣物。

当然了，用柔软舒适的纯棉面料和锦缎面料做成的小夹袄也很合适，可以用保暖透气的腈纶棉或者棉花填充，这肯定会成为狗狗喜爱的衣服。

根据狗狗性格 选择面料

有的狗狗活泼好动，在家里会到处钻来钻去、上蹿下跳，在外面玩耍时则会"摸爬滚打"，喜欢追逐打闹。给这样的狗狗选择衣服面料，最好是有弹性、耐磨耐脏的，这样既方便它们活动，你自己也好打理。颜色鲜亮、图案可爱的布料也会很受它们欢迎。

有的狗狗则生性闲散，有的像文静的淑女，有的像内向的小男生。给它们选择衣服布料，可以舒适、华丽，以突出气质为主。除了一般可以选择的纯棉布料、锦缎、丝绸，还有以蕾丝、薄纱等布料作为点缀装饰也很适合。

缤纷节日的 面料选择

节日的时候，花色华丽的精致布料是首选。想一想过年的时候给你的狗狗穿一身锦缎面料的红色小棉袄，又喜庆又高贵；或者圣诞节的时候让你的狗狗扮成一个可爱的小圣诞老人，穿着红色镶白边的呢子大衣，再戴一顶红色的帽子，走出去绝对很吸引眼球。

贴身衣物的 面料选择

狗狗们的衣服与皮毛产生摩擦很容易产生静电，所以贴身的衣物一定要选择纯棉的面料，这样可以尽量减少或消除静电。

主人说这件衣服特别显身材。

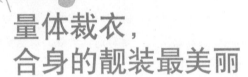

2. 量体裁衣，合身的靓装最美丽

买回漂亮的服装，在给狗狗穿上时却遭到了强烈"反抗"：狗狗挣扎不已，在你的怀里又跳又叫，即使勉强穿上了，狗狗也是一副不情愿的模样。这是为什么呢？除了要考虑面料之外，衣服的尺寸也是应该注意的关键问题，衣服是否合身，不仅要看狗狗的整体长度，还要看各个部位的合身程度。

所以，在给狗狗买衣服之前，首先要对狗狗测量一番。

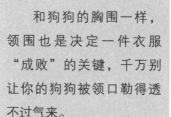

领围的测量

和狗狗的胸围一样，领围也是决定一件衣服"成败"的关键，千万别让你的狗狗被领口勒得透不过气来。

领围测量方法：将软尺绕着狗狗的脖子一圈，取最粗部位的数值，留出两个手指头的余量。

身长的测量

衣服过短未免有失美观，过长又不利于狗狗的尾巴活动，想想你的宝贝一摇尾巴就把衣服给掀起来的画面吧，那可真是糟糕透了！

身长测量方法：将软尺放在狗狗脖子根部的位置，沿着背部一直量到狗狗的尾巴根部。

胸围的测量

狗狗衣服的胸围，是决定衣服是否合身的最关键部位。如果胸围过大，衣服空空荡荡，起不到保暖作用，狗狗们就可能会受凉感冒；胸围过小，狗狗身体会受到束缚，活动也不方便。

胸围测量方法：用软尺沿着狗狗的肚子测量，取最粗部位的数值，并且稍微放松，留出约两个手指头的余量。

前后腿间距的测量

如果想要给狗狗买一件有"裤腿"的衣服，那么测量前腿到后腿之间的距离是必不可少的，而且一定要记住必须留出适当的空间。

前后腿距离测量方法：让狗狗四腿直立，从侧面将软尺贴在它的身上，取前腿根部到后腿根部的数值，大约留出两个手指头的余量。

两腿间距的测量

衣服绝不能成为狗狗的束缚，可不能让它们穿上漂漂亮亮的衣服、却畏畏缩缩地迈不开步子。所以作为主人的你，在给狗狗"量体"时可千万别粗心哦！

两腿间距测量方法：让狗狗乖乖地四腿直立，用软尺横着测量其前左腿根部到前右腿根部之间的距离，同样要留出大约两个手指头的余量。

狗狗们"环肥燕瘦"，个头不一样，脖子长短不一样，腿的长短也不一样，针对不同"身材"的狗狗，就要选择不同的衣服款式。

3. 衣服款式，按狗狗个头来选择

脖子长的 狗狗

脖子长的狗狗往往具有活泼好动的气质，并且总是看起来精神十足的样子。可以给它们准备高领的衣服，给它们的脖子进行适当装饰，让你的狗狗展现出更加别致的穿衣风格。

脖子短的 狗狗

脖子短的狗狗就应该选择低领的衣服，小翻领和圆领都是不错的选择。切记衣领不要太高、太硬，否则会顶着它的脖子，成为一件令人难受的衣服。

腿长的 狗狗

有些狗狗拥有修长的腿，这种"高挑"的身材在狗狗世界里特别惹眼，自然也需要最显身材的衣饰来搭配。腿长的狗狗们，衣饰可以选择稍微华丽、繁复一些的，衬托出狗狗高贵的美感。

腿短的 狗狗

腿短的狗狗一般看起来憨厚可爱，还有点儿笨拙，从服装上来说，则应该以简单轻松的风格为主，避免繁复和累赘，否则会造成它们行动上的不便。而服装袖口也不要过长，应该稍短一些，给狗狗的四肢留出充分的活动空间。此外，为了它们的身体散热考虑，短腿狗狗们的衣饰面料也不要过厚，应该选择比较薄的面料。

4.
个性化衣饰，
巧手制作最潮狗衣

　　人皆有爱美之心，狗狗也不例外。可有的衣服布料太硬，有的衣服装饰太多，有的衣服则不太合身，不是腰围大了，就是领口太高……如果你是个爱动手的手工达人，就用不着为这些难题发愁了。当然，虽然只是小小的狗狗衣饰，需要的材料却远远不止布料和针线这么简单。想要做出狗狗喜欢的漂亮衣饰，你需要以下这些材料。

材　料	作　　用
布料	狗狗衣服的布料需要柔软而又清爽，令狗狗穿着起来感觉舒适。此外颜色一般应该比较鲜艳，才能表现出活泼可爱的风格
针线	建议选用针眼稍大的缝衣针，以及各种颜色的缝线，用来搭配不同颜色的布料
缝纫机	某些衣饰的缝制可能无法完全手工完成，有时也需要缝纫机的帮忙。目前市面上有不少小型的缝纫机，就能胜任狗狗衣饰的制作
软尺	软尺主要用来给狗狗测量身体各部位的长度，以及对布料进行测量裁剪
划粉	对布料进行裁剪时，需要用到划粉来画线
熨斗	平平整整的衣服才会显得漂亮清爽，电熨斗自然是不可缺少的好帮手，能让狗狗的衣饰变得平整
魔术贴	魔术贴是最常见的布艺连接辅料，可以将狗狗衣饰的两个部位粘连在一起，而且使用灵活，用手一拉就能分离
松紧带	松紧带质地疏松柔软，具有弹性，原料多数采用锦纶弹力丝，能让狗狗衣饰的大小有一定的灵活度
丝带、蕾丝	如果你想让狗狗衣饰走华丽风，绝对少不了各种装饰物，丝带和蕾丝就能瞬间营造出华丽高贵的风格

5. 狗狗穿衣，注意事项要记清

如今越来越流行给狗狗穿衣服，宠物百货超市、宠物用品商店、网络宠物衣饰店等，到处都能为狗狗挑选漂亮的衣服。不过，给狗狗购买衣服，除了面料和大小需要考虑之外，其他的因素也必须注意。

特殊狗狗 对衣服的需求

（1）有些品种的狗狗体质相对较弱，比如博美犬、鹿犬、吉娃娃等体型较瘦，脂肪含量很低，在寒冷季节就要格外注意保暖。

（2）幼小或年老的狗狗抗寒能力差，对衣服要求也更高。

（3）刚刚生产过的狗狗比较脆弱，寒冷时也要注意穿衣。

特殊时期 对衣服的需求

（1）剃胎毛之后。为狗狗剃了胎毛之后，可以给狗狗穿上材质舒服的全棉衣服，让皮肤有一个舒适的环境。

（2）换毛季节。在换毛的季节，狗狗会留下不少毛毛，这时候穿上衣服能减少毛毛到处飞的现象。

（3）夏天剪毛之后。夏季为了让狗狗更凉爽，有些主人会给狗狗剪毛，但这样很容易让狗狗被太阳晒伤，所以不妨给狗狗穿上透气性良好的夏装，前提是狗狗不觉得热。此外，夏季在房间里开空调时，给狗狗穿衣也能避免着凉。

不同款式 注意事项

（1）如果购买的是四腿裤，对尺寸要求是非常高的，最好购买有弹性的面料，以免过小穿不进去，或是过大妨碍行动。

（2）如果购买的是两腿裤，就要注意胸围是否合适。胸围太小，扣子会扣不上；胸围太大，狗狗又很容易脱下来。

清洗狗狗衣服，
消毒是关键

狗狗精力旺盛，整日四处奔跑，在户外很容易沾上灰尘、皮屑和草籽，还有各种虫子与虫卵；即使在房间里，也难免会蹭脏衣服。为了让衣服恢复整洁漂亮的模样，就需要清洗和消毒。所以，清理狗狗衣服也是一件不可忽视的任务。

清洗狗狗衣物，专用消毒液最佳

大多数人都知道应该将人与狗的衣物分开来洗，但很多人并不知道，狗狗的衣服最好也要用专用的洗涤液和消毒液。因为狗狗的生活习性，它们的衣服比人类的衣服脏得多，还会有一些细菌和虫卵的问题，所以必须使用有针对性的洗涤和消毒液，将上面的有害细菌和虫卵清理干净。当然，洗衣后可以用一些普通的护理剂对衣物进行养护，让它保持鲜艳的颜色，并使其更加柔软，狗狗穿起来更舒适。

狗狗衣物 消毒步骤

洗衣服的步骤谁都懂得，但消毒过程却需要遵循严格的程序。一般来说，可以按照以下步骤进行消毒：

（1）在污渍较重的地方，喷上衣领净，等候10～15分钟。

（2）在盆中加入少量宠物专用消毒液，将衣服浸泡半个小时以上。

（3）使用洗衣粉或洗衣液正常洗涤衣服。

（4）在阳光下把衣服彻底晒干。

狗狗
靓装秀场

★★★★ ① ★★★★
高贵公主范

白色婚纱礼服

没有哪个女人不迷恋白色的长裙，如果给狗狗穿上这样华丽的一身，相信它也能看懂你赞叹的眼神。选择最合适的配色，黑色的小狗狗也能拥有迷人的公主范儿。

模特

羊妞

靓装要素

▷黑色的贵宾犬，身穿纯白色的婚纱式小裙子，运用了黑与白的经典搭配，极简的色彩对比，散发出有如黑珍珠一般的迷人魅力。

▷白色珍珠项链和浅红色纱质花朵的搭配，成为公主造型的点睛之笔。

靓装小贴士

狗狗公主装最忌讳的就是裙子过长，造成狗狗行动不便，所以狗狗腹部以下的裙子部分应该尽量短一些，而身后的裙裾则可以稍长。此外，狗狗所戴的珍珠项链也不可以过短，以免造成狗狗呼吸不畅。

公主范儿,
就是要有格调!

白色竖领披风

远远看去, 如同一座晶莹的雪雕伫立在那儿, 像是来自冰雪王国的公主, 纯净得令人不敢直视, 那就是咱们家温柔娴静的小淑女了。白色+白色的搭配就是这么高贵!

模特
羊妮

靓装要素

◐别以为白色狗狗就不能穿白色的衣服,如果搭配适宜, 便能为狗狗塑造出纯洁而又娴静的高贵风情。瞧, 整洁的衣领衬托出狗狗宛如淑女般的优雅气质, 白色披风的衣料覆盖在白色的被毛之上, 更衬托出一种摄人心魄的透明感。

◐粉红色丝带随意地系在领口, 同样的透明质地避免了对白色披风透明感的干扰,反而更加显出了这一身公主服的高贵特别之感。

靓装小贴士

在狗狗衣服前系上彩带, 往往能产生极佳的搭配效果, 但彩带不可过长, 否则会影响狗狗的行动。此外, 白色也是最易脏的颜色, 给狗狗穿上白色衣服的时候, 主人也要做好弄脏的心理准备。

公寓狗狗的完美生活

156

模特

棉花糖

主人，给我讲个童话故事吧。

粉色蓬蓬裙

最梦幻的颜色莫过于粉色，最梦幻的裙子莫过于粉色的纱裙。层层叠叠的粉红细纱，营造了如童话般的温馨气氛，小家伙立刻拥有了公主一样的优雅气质。

靓装要素

▷蓬蓬裙又叫公主裙、泡泡裙、南瓜裙，是由欧洲的小洋装演化而来的，弧度明显的线条，传达出纯真和高贵的感觉，狗狗的甜美与优雅都渗透在层层粉色的细纱中，显得浪漫而又温馨。

▷粉色蓬蓬裙搭配粉蓝色的裤子，显得素净而不夸张。粉蓝色与粉红色一样，都是能给人纯洁、平和、清新感觉的颜色。两者搭配，童话的气息更加浓厚了。

靓装小贴士

狗狗所穿的蓬蓬裙最好以简约为主，尤其裙摆不可过大、过长，否则会影响狗狗的正常行动。此外，梦幻的粉色相对而言比较适合白色被毛的狗狗，能够更加凸显粉色的梦幻感。

② 可爱卖萌范

♥ 黄色小蜜蜂上衣

"小蜜蜂，嗡嗡嗡；飞到西，飞到东。"装扮成小蜜蜂的狗狗有一种别样的可爱感觉，搭配狗狗卖萌的表情，你是不是想要赶紧带它出门，去四处溜达溜达呢？

靓装要素

▷活泼的明黄色作为服装主色调，奠定了明快欢乐的基调，而光滑透亮的黑色条纹与黄色搭配，形成如同小蜜蜂一样的装扮，狗狗的"变装秀"顿时让人眼前一亮。

▷宽松的连体装，简洁的短袖设计，让狗狗活动起来灵活自如，能够自由地四处奔跑撒欢，绝不会受到衣服的束缚。

模特

豆豆

靓装小贴士

该款服装是前开纽扣式设计，尤其要注意服装前方纽扣的牢固程度，防止纽扣不小心被狗狗扯断或自行脱落，狗狗误吞食将导致严重的后果。也可以使用魔术贴等工具，对服装进行改造，替换掉危险的纽扣。

要凉快，
也要性感！

草莓碎花迷你裙

炎炎的夏日，蒸笼似的天气让狗狗有点吃不消，狗狗也得穿得"清凉"一点才是。可爱的小碎花迷你裙，让狗狗顿时拥有了女孩子一般纯真可爱的感觉。

靓装要素

模特

球球

○红色小碎花是最可爱最温馨的服装花纹，仔细近看，原来是一颗一颗的草莓图案，亲切感中又带有活泼可爱的意味，深浅相间的红色小草莓点缀在白底色的布纹中间，令人感到如同走入夏日小树林一般的清凉与梦幻。

○尽管是简单的迷你裙，设计上也花了不少的心思，两层叠加的设计，令迷你裙显得更加时尚和特别，而前部中空的设计避免了裙子被拖拽在地上时妨碍狗狗的行动。使用极少的布料，就完成了对狗狗的打扮任务。

○服装的装饰性大于实用性，狗狗穿上后显得纯真可爱，特别适合外出溜达或拍照时穿着，绝对能吸引大家的眼球，回头率高达100%。

靓装小贴士

腰带和颈带是这款迷你裙的关键所在，注意松紧要适度，千万别让狗狗觉得有束缚感。此外，将颈带换成同一色系的项圈或围巾，也是不错的搭配选择。

上课了，大家遵守纪律！

模特

优优

少女风清新水手服

可爱的水手服，蓝色与白色的经典设计，是每个女孩子上学时最爱的学生装扮。如果你对遥远的学生时代有着浓浓的怀旧情绪，不妨给狗狗穿上这件衣服吧！

靓装要素

▷学生水手服参照的是海军服装式样设计，拥有特殊的衣领和裙子，由带有水手风格衣领的整齐衬衫，搭配百褶裙而成。蓝色与白色的搭配，象征着学生时期最清纯最无忧无虑的状态，搭配上狗狗天真无邪的表情，是不是非常适合呢？

▷三条杠的臂章，和胸前红色的蝴蝶结，都增添了真实的学生气息。

▷小学生也要靓！狗狗脖颈上的白色珍珠项链，和"头发"上扎起的红色圆白点点蝴蝶结，都暗示着狗狗是个爱美的家伙。

靓装小贴士

少女风学生水手服的重点在于清纯、干净，给人以清爽的感觉，所以最好不要给狗狗过多的饰品装饰，简单才是美哦。

③ 优雅淑女范

英式高贵少女装

中世纪英国神秘的贵族家庭，可爱的少女穿着整洁的衬衫和裙子，显示出与众不同的气质……如果你想给狗狗来个英国贵族的扮相，这套服装绝对不能错过啦。

靓装要素

▷整洁的白色衬衫，连袖子也显得齐整不乱，让狗狗自然地散发出迷人书卷味，展现出高贵的个性。

▷与衬衫配套的格纹短裙，使用的花纹是绿色打底、红色线条纵横的苏格兰格子，这种历史悠久的图案是皇室成员独有的"贵族"格，显得低调而又高贵。

▷同样苏格兰格子花纹的蝴蝶结，增加了整体造型的统一感。而搭配的红色项圈，以及项圈下的金属配饰，都与服装保持了一致性。如果想要给狗狗增加可爱的气息，一副眼镜或是一个小发饰都可以起到你期望的效果。

模特

羊子

靓装小贴士

狗狗的袖子不可太长，否则可能会阻碍它的行动。此外，美丽的苏格兰裙子也不能太长，这样不仅会让狗狗走路不便，而且拖拽在地上容易弄脏。

梦幻黄色针织裙衫

每个女人的衣柜里都少不了针织装的一席之地，狗狗的服装秀自然也少不了它。一针一线地细密编织，织出了柔美与温馨的氛围，穿着针织裙的狗狗显得那样安静贤淑。

模特
羊妞

靓装要素

浅黄色的针织裙衫，与狗狗黑色的被毛形成对比，远远看去就十分吸引眼球。一般来说，被毛颜色较深的狗狗非常适合穿浅色的衣服，比较能搭配出可爱与惹眼的效果。而针织衫柔软和顺的材质，非常适合塑造出淑女的文静感觉。

针织衫腰间的粉红色毛球，既是一种可爱的装饰，也成为针织裙收腰处的标识，稍稍显露出狗狗的曲线美。

粉色的丝带花朵，是整套服装搭配的点睛之笔。花朵的浅粉色，和针织衫的浅黄色相得益彰，拥有很好的配套性，不会令人觉得突兀。而稍稍有些繁复的花瓣与丝带，也弥补了纯色针织衫的单调感。

模特
羊四

靓装小贴士

给狗狗穿针织类服装的最大问题，就是狗狗的爪子可能对其造成"威胁"，加上狗狗在行走跑动时，也可能让衣服被异物勾住，令美丽的针织衫顿时脱线。所以狗狗穿的针织衫设计不可过于累赘，而且主人要多多照看狗狗，别让它的衣服被挂住。

快来看看我
的爱心牌洋装!

粉红白边小洋装

每天清晨起床看见它慵懒的身影,
每天下班回家看见它温柔的眼神……这
样不离不弃, 每天陪伴着你的狗狗, 时
时刻刻都在展现它独有的亲切与温情, 和
狗狗在一起的日子, 每一天都是粉红色的。

模特

羊妞

靓装要素

▶粉色是温馨的颜色,也是令人感到安心与放松的颜色。穿上浅粉色小洋装的狗狗,在纯真中透露出和善与温柔,而浅粉底色上的小圆点,顿时拥有了活泼的感觉,让你忍不住想要去呵护这个天真的小家伙。

▶衣服设计为连帽的样式,但身后的帽子主要起装饰作用,使衣服的设计更加独特。

▶粉色的底色非常淡雅,显得温柔有余,存在感却不足。如果想要提高"回头率",不妨再给它戴上一串五颜六色的项链,绚烂的颜色组成各式各样的小彩珠,如同挂在胸前的一串糖果,让小小"淑女"也拥有了一点可爱的萌感。

靓装小贴士

　　五彩缤纷的项链固然好看,但也要注意安全问题,最好选择牢固、不易扯脱的产品。如果项链被狗狗扯断、彩珠被狗狗误食,则可能发生危害狗狗健康的事故。

穿这身去参加酒会怎么样？

模特

羊妞

♥ 海洋绿高贵淑女装

想把狗狗装扮成美丽的贵妇吗？时髦的大衣，精致的项链，即使和伙伴们站在一起，你家狗狗也会显得高贵出群，令人羡慕不已，身为主人的你也会"虚荣感"爆棚哦。

靓装要素

▷在服装搭配中，绿色是一种特殊的颜色，往往相对其他颜色较难搭配，而本款服装的颜色属于海洋绿，减少了纯绿色的鲜艳，多了几分庄重与沉静，非常适合塑造狗狗的高贵形象。

▷狗狗被毛的深黑色与服装的绿色搭配，亮色有所欠缺，整体显得稍为暗淡，而白色的项链则很好地弥补了这个欠缺。黑色与绿色属暗色，而白色属于明色，明与暗的对比，衬托出项链上一颗颗珍珠的洁白晶莹，而白色的纱质装饰花中略微带点浅粉，显得淡雅而高贵，有种低调奢华的意味，不张扬不炫目，却显得足够高贵出众。

▷狗狗头部的浅粉色小花，与胸前白色粉色相间的小花相映衬，让狗狗在高雅之中多了一分俏丽。

靓装小贴士

狗狗穿上绿色的衣服，则最好不要搭配其他过于鲜艳的颜色，否则容易造成俗气的观感，本套衣着中白色的搭配就非常合适。此外，此款服装不仅适合深色被毛的狗狗，同样也适合浅色的狗狗。

****④**** 迷人绅士范

❤ 蝴蝶结灰格小洋装

宠物世界里有高贵出众的小公主，自然也有优雅迷人的小绅士。将你的狗狗打扮成最令人瞩目的绅士吧，让它神气活现地盛装登场，周围的赞叹会让狗狗也开心得不得了呢。

靓装要素

▷灰格布纹的洋装，无论是灰色的暗纹、袖口处低调的花边还是服帖的翻领，都显示出了绅士服装最典型的"低调奢华"感觉。

▷对每个绅士来说，蝴蝶形状的领结都是不可缺少的服装元素。与服装配套的领结佩戴在领口，绅士风度顿时提升两个等级。盛装打扮的狗狗，就好像要去参加宠物们的酒会一般，显得风度翩翩呢。

▷与服装相配套的，狗狗的美容也起到了关键作用。白色的被毛具有高贵而又优雅的特性，美容后的"发型"极有中世纪的古典贵族之感，搭配这套小洋装，就好像是从荧幕上走出来的欧洲小公爵一般。

模特

白雪

靓装小贴士

这套服装最成功之处在于它既完美贴合了狗狗的身材，又与狗狗的美容发型保持了高度的配合率。

你好，请
叫我小王子。

模特

羊二

黑色条纹衬衫

别以为衬衫就是严肃古板的象征，实际上活泼可爱的狗狗也能成为帅气的"衬衫小王子"。身穿剪裁合身的衬衫，狗狗似乎也变得优雅文静起来，不知是在发呆还是在"摆酷"呢？

靓装要素

▷胸口与领口处的白底黑色条纹图案，是最具绅士味道的衬衫风格；而衬衫大部分布料为黑色，让狗狗的身材显得"修身"许多，看起来更加精神。更重要的是，黑色的小衣服更加耐脏，主人也能少操许多心呢。

▷在狗狗胸前打上一个小小的黑色领结，既与黑色的衬衫主体颜色相呼应，也减淡了衬衫的休闲意味，而让狗狗的着装更加正式，设计感也更加浓厚。

靓装小贴士

一般来说，狗狗的小衣服如果有袖子，那么袖子的长度一定要掌握好，尽量保证它不要过长，以免妨碍狗狗的行动。如果买回的狗狗衣服袖子有些过长了，不妨拿起剪刀剪短一截，让狗狗穿着更舒适。

模特

白雪

亲爱的瞧
瞧我，帅么？

❤ 黑白洋装两件套

狗狗的世界里也有骄傲与虚荣，如果得到你真心的赞美，它会兴奋地翘起尾巴来。如果你将它打扮得如同高贵的绅士，它也会露出一副端庄有礼的模样，想要得到主人的认同呢。

靓装要素

▷黑与白永远是最经典的流行搭配，在狗狗服装搭配中同样如此。黑色的外套与小领结，搭配胸口处露出的白色衬衫，令狗狗顿时拥有了贵族一般的高贵气质。

▷服装的小细节同样显露出精心的设计，金黄色的纽扣放置在胸前与袖口，化解了洋装的正式与严肃，显得更具时尚感。

靓装小贴士

一般来说，不推荐给狗狗穿上内外两件套的服装，这样不仅会显得臃肿，而且狗狗在行动中也会备受束缚。如果想要表现内外两件的搭配特色，不妨选择给狗狗穿上"假两件"，既显得与众不同，又能避免狗狗行动中束手束脚。

严肃点，都听我说说话！

格子衬衫牛仔套装

格子图案是永远的流行元素，不仅男人和女人的时尚风潮都有它的一席之地，狗狗们的时尚界同样不能少了它的存在。整齐的格子衬衫加上深色牛仔裤，狗狗自己也很满意呢。

模特

白雪

靓装要素

▶以白色为底色，红色、深蓝、浅灰的线条组成整齐而又规整的格子图案，让浓浓的绅士味道又带有一种青葱的学生气，如同学生时代的制服一般，仿佛让狗狗也当了一回学生。

▶搭配的牛仔布料是深色而非浅色，与格子衬衫的基调保持一致，显得沉稳而不轻浮，两者搭配十分得宜。

靓装小贴士

这套狗狗靓装的特色还在于整齐的领口，有着最经典的衬衫领。注意领口千万不要过紧，否则会影响狗狗的呼吸。

⑤ 暖暖温馨范

♥ 绒毛上衣牛仔套装

女士们都讲究"美丽冻人"，其实在寒冷的天气里，谁不想打扮得既漂亮又保暖？给狗狗搭配衣服也会遇到这个难题，给狗狗穿上这件暖和又时尚的"潮衣"吧！

模特

奥斯卡

靓装要素

▷浅咖色的保暖绒毛上衣，手感颇为柔和，而且显得十分温暖。背后的白色标牌，让衣服显得更具时尚潮流的味道。

▷精致的牛仔裤设计，选择的是比普通牛仔布料更为柔软的薄牛仔布料，能让狗狗感到舒适而不粗糙。口袋与裤腿处的黄色明线显得极有设计感，颇有点世界名牌的感觉呢！

▷牛仔裤后方特意留出空间，让狗狗的小尾巴钻出来，这是非常体贴的设计，狗狗穿着这样的服装，身体也不会受到束缚，能感到灵活与自由。

靓装小贴士

这套服装比较适合狗狗在家中穿着，尤其要保证绒毛上衣的质量。这类衣服如果质量不佳，飞扬的绒毛可能会对狗狗的呼吸系统产生不利影响。

小红帽是谁呀……

模特

桂林多多

红色冬日套装

主人很"宅"，狗狗也很"宅"，寒冷的冬季，主人和狗狗都懒懒地待在家里，哪儿也不想去。给狗狗穿上一件火红的冬装，不仅赏心悦目，而且连主人也会倍感温暖。

靓装要素

▷寒冷的天气里，红色是最适合的冬装颜色，因为它代表着热情与活力，有着太阳一般热烈的温度。红色的绒衫，从视觉上就能给人以温暖的感受。浅色被毛的狗狗最适合红色的服装，能将红色的火热衬托得更加鲜艳，令人挪不开眼睛。

▷黑色的袖口收边，改变了过于单调的纯红底色，加上白色的纽扣搭配，令这件毫无花纹图案的小衣服变得生动起来，还带有一丝运动休闲的味道。

▷一项同样面料的红色帽子，与绒衫搭配起来，拥有了套装的设计感。红色帽子上灰色的大耳朵，生动的眼睛图案和长长的鼻子，构成了老鼠的形状，让狗狗萌感顿时翻倍。

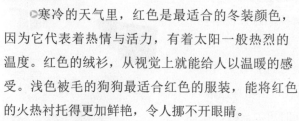
靓装小贴士

这件红色绒衫属短袖样式，面料厚薄适中，比较适合狗狗冬日在家里穿着，既保证了温度，也保证了狗狗行动自如、方便灵活。

公寓狗狗的完美生活

模特

桂林多多

我是你的贴心小棉袄。

蓝色时尚棉服

冬天到了，主人换上厚厚的棉服，看上去暖烘烘的，让狗狗也觉得格外"眼红"。快来给狗狗穿上可爱的棉服吧，狗狗的保暖指数直线上升，心情也会变得快乐许多。

靓装要素

○尽管狗狗冬日服装的面料有多种选择，但如果在非常寒冷的户外活动，棉服仍然是最保暖的选择。选择轻便的棉料，狗狗不仅能感受到温暖的呵护，而且也不会因为衣服过重而感到束缚压抑。

○冬日给狗狗挑选服装，颜色最好选择较为亮丽的，比如红色、蓝色等。一方面能从视觉上增加温暖感觉，另一方面也能让狗狗在户外活动时更加显眼，让你远远就能看见自家宝贝。尤其在雪地里玩耍时，亮丽的颜色更容易拍出高质量的靓照哦！

○厚厚的大棉袄最容易显得单调和土气，狗狗服装也要时尚起来，领口、下摆和袖口处的黑色收边，衣领处的两粒白色圆纽扣，以及衣身部分对棉服面料的"藕节"式处理，都显得时尚感十足。

靓装小贴士

需要注意的是，这件衣服的袖口收边切不可太紧。千万不要为了将狗狗包得严严实实，就忘记了狗狗对运动自由的要求，如果袖口太紧，还可能会导致狗狗血液循环不畅，反而让它感觉更加寒冷。

我最爱冬天里的太阳了！

红色传统棉服

冬日里难得有个好天气，赶紧带狗狗出门溜达一圈。可低温实在让人无法忍受，即使有着阳光的照射，冬季特有的干冷还是侵入肌肤里。给狗狗选择一件红色的棉服，和狗狗一起过冬吧！

靓装要素

模特

白雪

▷大红色的衣料，与狗狗纯白的被毛相映衬，火热的红色与厚厚的面料，带给狗狗这一季最温暖的记忆。中国传统的大红色，搭配两粒黑色的纽扣，是不是有种传统大红棉袄的感觉呢？

▷粉红色的袖口和下摆收边，粉红色的领口浅浅地竖起，显出犹如穿了打底衫一般的效果。而粉红的搭配既与衣服的大红底色相区别，又显得相得益彰，同一色系的色调搭配显得时尚而又不突兀。

▷如果觉得纯红色棉服过于单调，不妨选择在背部有可爱图案的棉服，可以增添狗狗的"萌感"。

靓装小贴士

棉服最重要的意义在于保暖，必须保证能服帖地穿在狗狗身上。而对狗狗来说，剧烈跑动很容易让身上的衣服遭到拉扯，甚至纽扣崩开，所以棉服的纽扣一定要结实。

⑥ 潮流运动范

模特

豆豆

♥ 深蓝卡通球衣

小家伙的精力永远是那么旺盛，每次带它出门，它都会瞬间变成一个欢快跳脱的运动健将，在草地上兴奋地撒着欢，让身为主人的我也被它的快乐"传染"，忍不住开心起来。

靓装要素

▷红、蓝、黄永远是体育场上的经典元素，蓝色代表冷静，黄色代表活力，红色代表热情，要把狗狗打扮成运动健将，一件经典的球衣绝不能少。袖子上黄色的两道条纹像模像样，令狗狗顿时拥有了足球明星的架势。

▷球衣的袖口和裤腿都以柔软的红色布料包边，既给球衣增添了一抹热情的色彩，同时也保护了狗狗的四肢不受伤害。

▷可爱的卡通图案点缀在胸前，显得趣味横生，给狗狗增添了一分可爱与稚气。

靓装小贴士

如果真想让狗狗在草地上自由奔跑，最好还是选择裤腿更短一些的服装。此外，千万别在狗狗想要奔跑时给它穿上"跑鞋"，这会妨碍狗狗的正常行走哦。

主人，你
跑得太慢了。

蓝色连帽卫衣

带狗狗在楼下小区闲逛，出门前也不能忘了梳妆打扮一番。除了给狗狗梳理被毛，打扮得干净整洁，漂亮衣服也不能忽视。穿上最潮的运动卫衣，看狗狗在草地上撒欢多开心！

靓装要素

模特

康康

▶运动卫衣兼具了时尚性与功能性。如今卫衣已成为许多年轻人最为青睐的休闲服装，狗狗穿上它自然也十分吸引眼球。而卫衣由于其宽松的特性，很适合狗狗穿着，只要大小适中，绝不会让狗狗感到束缚与不适，较厚的布料还具有一定的保暖功能。

▶袖口和下摆处，都采用了卫衣最常见的弹性紧缩带，既不会让狗狗感觉过紧，又能保证衣服妥妥帖帖地穿在狗狗身上，是非常实用的设计。

▶卫衣选择亮蓝的颜色，在沉稳之中又不失耀眼和活力，是运动场上最吸引视线的颜色之一。背后缝制的深蓝色口袋以及印花图案，都增添了活泼的感觉。

靓装小贴士

狗狗身后的帽子一般只是作为装饰，如果狗狗头部过大，不要强行为他戴上帽子，否则狗狗感觉极不舒适，引起它对衣服的厌烦心理，还会影响它的视线与听觉。

模特

桂林多多

出去野营
怎么样？

迷彩翻领短上衣

每个男孩子都有一个军营中的梦想，穿着迷彩服挥洒汗水与青春是他们的渴望。如果你家狗狗是个活泼好动的家伙，不妨给它穿上一件迷彩服，快来看看它精神抖擞的模样吧。

靓装要素

给狗狗选择颜色较为鲜亮的迷彩服，白色与浅绿的图案让服装的颜色看上去不会过于暗淡，反而显得十分亮丽。这套服装主要在狗狗外出活动时穿着，所以服装裁剪较短，没有过长的衣摆和袖子，狗狗活动起来灵活自如，如同军营里的小士兵一样精神抖擞。

普通的迷彩服显得过于平凡，但如果添加时尚的翻领设计，就会显出与众不同的感觉来。从领口到胸前的大翻领，避免了狗狗因领口过小而感到窒息的风险，而且显得帅气十足。

绒里的面料设计，从外看去是普通的迷彩服，内部细小的绒面却可以给狗狗暖和的感觉，尤其适合狗狗在春秋季节穿着。

靓装小贴士

狗狗外出活动时穿上迷彩服，有一个最大的好处就是颜色耐脏，即使狗狗在草地和土地上奔跑打滚，迷彩服也不会显得过于邋遢。不过，回家后还是要给狗狗好好清理一番哦。

⑦ 百变家居范

❤ **西瓜红点点百褶裙**

模特

羊二

珍珠、蕾丝、蝴蝶结、百褶裙，最入时的女生元素，狗狗装扮自然也一样都不能少！在家中给狗狗来个服装百变秀吧，看你如何运用这些元素，将狗狗装扮成最美的小公主呢？

靓装要素

▷裙子颜色选择的是西瓜红，饰以白色点点的图案，表现出少女一般的纯情与活力。而百褶裙精心处理的多层褶皱感，带有童话中梦幻的感觉。

▷裙子的内衬，以及狗狗上身所穿的小衣服都是黑色，这样的颜色搭配极为特别。西瓜红作为暖色里接近红与橙之间的一个颜色，其颜色搭配非常灵活，红与黑就是最经典的配色。西瓜的红配上西瓜子的黑，是不是让你有了夏日的感觉呢？而上衣衣领也以白色蕾丝包边，显得极花心思。

▷裙子花边和领口花边，都是这款衣服不可忽视的小亮点。白色的蕾丝缝制在裙沿，带有一丝丝的华丽风格，而领口则以白色小珍珠装饰，还带有粉红、粉蓝搭配的蝴蝶结，令这款衣服显得无比精致。

靓装小贴士

给狗狗选购这类配饰较多、设计较为繁复的服装时，首先要注意配饰的牢固问题，以保证狗狗安全；其次要注意化繁就简，即在衣服的某些部位尽量简化。

模特

豆豆

休息一下，
休息一下！

白色休闲小汗衫

咱狗狗过日子，讲究的就是一个舒服，穿衣服也得随心所欲着来！公寓里慵懒的小日子，不妨穿得随意些，小小的汗衫就是最佳选择。当然，舒适之余也不能忘了扮靓啦。

靓装要素

狗狗在家的日子，一件白色的普通小汗衫就能成为它最爱的家居服装。既可以购买狗狗专用服装，也可以将家中废旧的衣物改制一下。这种汗衫的样式极为简单，又由于无袖、宽松的设计，很方便狗狗在家中自由行动。

狗狗家居汗衫也要讲究漂亮，布料尽量选择简单而又可爱的图案，比如白底黑色小圆点的经典图案，简单中营造出活泼可爱的气氛，加上粉红色的蝴蝶结佩戴在胸前，上面还有黄色小花固定，就能让简单的衣服变得特别起来。

也可以给狗狗搭配一条同色系的小裙子，同样白色的底色，淡雅稀疏的几点小碎花，细细的红色裙边，与汗衫搭配得宜。

靓装小贴士

如果主人喜欢自己动手的话，还可以在小汗衫上缝制上小图案，或者小花布，也能给简简单单的小汗衫上增添一丝特别的居家休闲味道。

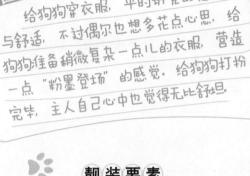

不打扮我就不出门！

缤纷圆点背带裤

给狗狗穿衣服，平时讲究的是可爱与舒适，不过偶尔也想多花点心思，给狗狗准备稍微复杂一点儿的衣服，营造一点"粉墨登场"的感觉。给狗狗打扮完毕，主人自己心中也觉得无比舒坦。

靓装要素

◎这款服装的上衣为长袖样式，袖口以白色蕾丝缝制，增添了服装的华丽元素，但蕾丝的简单样式又不会显得过于夸张。

◎狗狗的裤子也有着较长的裤腿，裤腿边沿以黑色相同花纹的布料包边，并搭配红色纽扣作为装饰。这样，狗狗全身的服装有着纯白、粉蓝、正蓝、大红、纯黑等多种颜色，但由于布料花纹统一为白色小圆点，所以显得繁复而不混乱。

◎这款服装最具特色的地方就在于配饰的精心设置，无论是裤腰间粒粒小珍珠的镶嵌，还是裤腿旁枚红色的假口袋与豆绿色的纽扣，缝制在裤子上的淡青色小花，以及裤腿边沿上的红色小圆扣，都是极为精巧的服装细节。

模特

棉花糖

靓装小贴士

给狗狗穿着裤腿较长的裤子，一定要注意尺寸的合适，最好将狗狗的腰围、腿围等数据用尺子精确测量后记下，在购买衣服时按照狗狗的尺寸购买。

别看我，
做狗要低调。

黑白条纹粉红裙

粉红的背带裙，水晶凉鞋，院子外阳光下的秋千……背带裙是童年最宝贵的记忆之一，如果你也想对童年来一场怀旧，不妨给狗狗穿上一件可爱的背带裙吧。

靓装要素

◎作为连衣裙中比较特殊的一个种类，背带裙往往显得俏皮可爱、动感个性十足，是最适合表现孩子气的服装。给狗狗穿上一件这样的背带裙，能充分展现狗狗憨态可掬的天真气质，显得童趣十足。

◎连衣裙颜色选择了最为梦幻的粉色，这样的颜色因为不够耐脏，更适合在家中给狗狗穿着。但浅粉色最能表现出狗狗的纯洁与天真，尤其肩带之下佩戴两粒白色圆纽扣，让狗狗看上去就像可爱的小学生一般，令人忍俊不禁。

◎黑白条纹是最经典的花纹图案，作为狗狗的"打底衫"显得恰如其分，低调而不张扬，不会对粉红裙子"喧宾夺主"。

模特

果果

靓装小贴士

给狗狗穿背带裙，肩带的长短非常关键，既不能过长导致裙子松松垮垮、拖拽在地，也不能过短，否则会令狗狗感到拉扯紧绷，妨碍它行走。

还是家里最舒服！

模特

白雪

可爱草莓家居服

小家伙精神特别足，每天主人还没起床，它就啪嗒啪嗒地踩着步子跑来跑去，在各个房间四处"巡视"，俨然一副"小主人"的模样。穿上那件家居服，这"小主人"还挺像模像样的。

靓装要素

> 狗狗家居服讲究的是舒适与灵活，这件衣服的裁剪样式非常简单，而布料选择的也是光滑舒适的棉质，最适合狗狗在家中穿着。

> 大红色的草莓图案活泼有趣，点点草莓散落在白底布料之上，带有热情而又可爱的感觉，如同狗狗对主人的意义，不仅是主人在家中最忠诚的伙伴，更是天真可爱的玩伴，是最令人安心的情感寄托。

> 翻领设计避免了领口对狗狗颈部的束缚，显得随意而又自然。也可以将领口的扣子扣起，则可以变成一个别致的竖领，不仅能作为家居服，也可以让狗狗穿着它外出溜达。

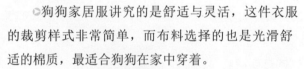

靓装小贴士

这款衣服的衣摆较长，衣料也较厚，比较适合狗狗在寒冷季节，或是天气转凉的季节在家中穿着。如果气候较为炎热，那么最好选择衣摆较短、衣料较薄的衣服，以免狗狗感到不适。

模特

钱钱

套上马甲你就不认识我啦?

蓝白点点套装

我家钱钱是个活泼的家伙,住在公寓的日子里,它似乎觉得有点儿百无聊赖了。我时常给它换件新衣服,改变一下心情。给狗狗进行服装的组合搭配那可不是件容易的事哦。

靓装要素

　　◎纯白底色的上装,饰以点点黑色的小心形图案,显得清爽而不复杂。胸前点缀的玫红色小圆球为素净的上衣添加了活泼的色彩,增加了童趣。

　　◎背带裤同样选择点点图案,不同的是以浅蓝为底色,凸显可爱而又低调的氛围。裤腿边沿与口袋边沿的白色蕾丝,体现了设计者的精心与细致,而口袋上的白色小兔子,使这套服装显得稚气而又可爱。裤腰上的皮质标牌,特意做出如同时尚品牌一般的标志,显得更有"潮"味。

　　◎由于白底色的上衣较为素净,可以选择许多小背心作为搭配,无论是红色的小短袄,还是红绿搭配的小背心,都可以与这套服装组合。

靓装小贴士

　　给狗狗穿衣最忌讳"拖泥带水",即穿上过多的衣服,令狗狗行动不便。所以在给狗狗进行服装组合搭配的时候要注意简化,比如狗狗已经穿上了一套衣裤,那么就不要再增加有袖子的衣服,而尽量选择无袖的小背心。

第六章

细节就是美，
小饰品也拉风

狗狗饰品
基础知识

花样十足，
狗狗饰品种类任你挑

对狗狗来说，五颜六色的美美衣装是它们扮靓生涯中的重要方面，可其他的扮靓方式也不容忽视，比如各种各样的小饰品，就常常能起到点睛的效果。给狗狗使用饰品，有哪些种类呢？

听说今年流行中国红……

项圈：最常用的狗狗饰品

项圈是最常用的狗狗饰品，因为它在装饰作用之外，更重要的是承担了许多的实用功能，比如限制狗狗的行动、标识狗狗的身份等。而身为爱美的主人，自然希望狗狗在佩戴项圈之余，也能借助项圈发挥扮靓的作用，所以，便出现了各种各样的装饰用项圈。

一般来说，项圈分为皮质、金属、尼龙等材质，这些种类的项圈主要注重其实用性，用来与牵引绳搭配使用；但在给狗狗扮靓时使用的美化装饰用项圈，则有着各种各样的花样，包括各种布料、纱巾、彩带等，有些还饰有珍珠、彩珠、绢丝花朵、蕾丝花边等，都能用来作为项圈的美化元素。

头饰："长发"狗狗的扮靓最爱

一般来说，被毛较长的狗狗比较容易做出各种美容造型，同时也更容易搭配各类小头饰。无论是五颜六色的皮筋，还是俏皮可爱的蝴蝶结，或是造型各异的彩色头带，都能在狗狗的小脑袋上"做文章"，使狗狗造型拥有邻家小女孩一般的可爱效果。

需要注意的是，给狗狗"扎辫子"是一件有趣而又复杂的工作，主人在进行这项工

温暖牌围巾，镇住全场。

作时一定要细心谨慎。首先要保证在扎起狗狗毛发时不会因为过度牵扯而让狗狗感到疼痛；其次要松紧适度，既不能让头饰轻易落下、让狗狗吞食，也不能过紧而让狗狗感到不适。

围巾/围脖：狗狗也有温暖系搭配

同样作为狗狗脖颈上的装饰品，围巾或围脖又属于一个特别的种类。

很多主人并不习惯给狗狗穿上各种厚重的服装，觉得会给狗狗带来过多的束缚，但是，一条小小的围巾或围脖也许是他们能够接受的选择。围巾、围脖的形式更加轻巧简便，既能为狗狗增添一些温暖的呵护，又不会对"讨厌穿衣"的狗狗造成困扰，更能够成为狗狗扮靓的亮丽元素。

一般来说，狗狗使用围脖比围巾更普遍，因为围脖较为短小，使用起来更加方便，有时还能起到狗狗口水巾的作用。

领结/领带：最帅气的狗狗标志

与项圈不同的是，领结或领带主要注重对领口前方的装饰。一般来说，领结或领带对狗狗只能起到装饰或扮靓的作用，但如果你想把狗狗打扮成"小绅士"，它们的存在绝对不容忽视。所以说，领结或领带主要适合给雄性狗狗扮靓，尤其适合与衬衫、西装等样式的狗狗服装搭配，可以起到最佳搭配的效果。

其他饰品：日用小搭配，花样随心变

狗狗饰品的种类繁多，除以上最常用的几种之外，还有鞋子、袜子、眼镜、帽子、头巾等，可以根据搭配的需要选择不同的饰品。

需要注意的是，最好不要长期让狗狗穿鞋子，这样不仅会造成狗狗行动不便，严重的还可能给它带来危险。

2. 狗狗饰品佩戴三大基本原则

给狗狗佩戴饰品，有以下三个基本原则需要主人注意：

原则一	原则二	原则三
安全至上	舒适为主	风格统一

安全至上

狗狗对小饰品的危险性认识不足，加上"贪嘴"的毛病，很容易不小心将其吞食。所以，给狗狗佩戴任何饰品都必须预防这一点的发生。

对安全的要求，首先是不要给狗狗佩戴有别针、大头针或其他锋利部件的饰品，因为这些锋利部位很可能会刺伤狗狗，或者在狗狗吞食时划伤喉咙；其次，项圈、围脖等一定要宽松，如果有较长的丝带，还要注意避免不小心打结造成窒息。

舒适为主

不少爱美女生宁愿牺牲身体的舒适也要"美丽至上"，但是，狗狗可不认同这种想法。对狗狗来说，一旦身上佩戴的饰品令它们感到不适，就会千方百计地想要去除。如果主人强迫它们佩戴，其结果必然是狗狗挣扎不已、主人也烦恼万分。所以，如果在佩戴饰品时狗狗表现出烦躁和抗拒的反应，最好还是放弃，别为了扮靓而让小小饰品使狗狗陷入焦虑症。

风格统一

狗狗不是你的"时尚试验田"，别把小饰品一股脑地往它身上戴。要让狗狗真正成为众人瞩目的"明星"，需要注意风格统一问题。狗狗的饰品要与身上的服装统一，颜色、风格、样式都要相得益彰；狗狗佩戴的饰品不可过多，否则很容易成为难看的"大杂烩"风格，还会因为过于累赘而造成狗狗的"不满"。给狗狗佩戴饰品要注意简洁与统一的原则，才能打造出真正惊艳的效果。

狗狗
饰品秀场

1. 小配饰
妙搭之
百变项圈

要食物，
也要时尚！

细节就是美，小饰品也拉风

4.
小配饰
妙搭之
帅气领结

戴这款领结出门,回头率最高啦。